讓科學知識變得輕鬆有趣

從日常現象

物理

辰君可，王超，宋艾晨　著

從地球到宇宙，

藉由物理學的幫助，

跳脫地球引力，

揭開宇宙運行的奧祕

結合日常生活與物理

輕鬆有趣地學習物理，激發對自然科學的熱情

萬有引力，無處不在的物理現象

從簡單實驗到高科技應用

能量不會憑空產生，也不會突然消失

目錄

目錄

第 7 章
波動帶來的美麗世界

參考文獻

「牛刀小試」參考答案

後記

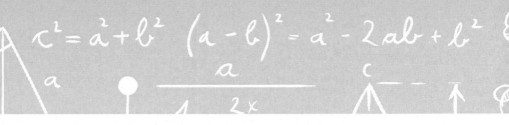

前言

　　物理真的很難嗎？其實物理可以很簡單！物理學家堅信「自然的法則儘管無所不包，條例卻很少」。物理學家堅信「物理世界是簡單的，是可以被理解的」。如果你也能像物理學家一樣思考，你會悟到：物理如此簡單！

　　身為物理教師，我們經常會遇到學生害怕學習物理的情況，甚至他們在還沒有接觸物理時就對這門學科的學習毫無信心。究其原因，很重要的一點是，當前的物理教學和學生的物理學習遠遠脫離了物理學科的本質。物理是自然科學領域的一門基礎學科，物理學研究大至宇宙、小至基本粒子等一切物質最基本的運動形式和規律，因此成為其他各自然科學學科研究的基礎。它是教人認識自然和理性思考的。莊子云：「判天地之美，析萬物之理。」這大概就是物理學和物理教育的真諦。

　　現在國、高中生對物理學科的學習大多沉浸於解題，知識的獲得局限於有限的教材和門類繁多的講義，使提高物理思維、形成物理觀念、提升物理學科素養有很大的困難。這也導致一些國、高中生對物理形成了刻板印象，認為物理很

枯燥，難學，並沒有感受到物理是對自然的描述，物理是最具簡潔美的科學。生活中處處有物理，學習物理不僅僅是為了解題，更是為了解決實際問題；學習物理不僅僅是為了學習已知，更是為了探究和發現未知！

這本有關物理學的書是嚴肅的，其中的每一個概念、思想、方法都是很多科學家經過細緻且嚴謹的實踐研究獲得的。身為編寫者的我們並不是這些問題的發現者，我們能承諾的是書中的每一個觀念都有更為專業的物理學研究作為保障。在書寫過程中，為降低國、高中不同年齡層學生的閱讀門檻，我們減少大量數學公式，力求用有意思的語言、生動的例子甚至是比喻來更好地闡述。

為了讓處於國、高中階段的學生能夠從更多角度認識物理學，本書以國、高中物理知識為主線，以內化物理原理、學習物理方法、培養科學思維為目標，並充分考慮國、高中生的特點。將每個章節分成不同部分。

○「生活物理」從生活中的具體例項提出問題，激發思考。

○「科學實驗」利用生活中的實驗器材來實驗，用所學物理知識來解釋和分析，將物理與生活緊密連繫起來，讓學生體會生活中處處是物理。

○「科學探索」引領學生像科學家一樣思考，用科學的思維和方法探索未知。

○「原來如此」對「生活物理」中的問題給予解答並概括性地提煉和總結，從方法、能力等方面，提升學生的科學素養，讓學生豁然開朗，體會物理如此簡單和有趣。

○「思維拓展」對中學物理知識進行拓展補充，擴散性思考。主要從物理知識的深化以及量化、最新科技成果及應用、物理學史的發展等方面開闊學生視野，讓其站在高處看物理。

○「生活中的科學」將物理知識與生活中的物理學發展融合在一起，讓學生充分認識物理學成就，知道歷代科學家在物理學的道路上付出的努力。

○「牛刀小試」給出生活中另外一些具有相同原理的案例，預留空間，鼓勵學生進一步深入學習並應用上述原理大膽嘗試和實踐。

物理是一種想像力，你的想像力有多強，你的物理世界就有多大。

物理是一種思維方式，你的思維方式有多獨特，你就有多少種看待物理問題的視角。

物理如此簡單，開始閱讀吧！

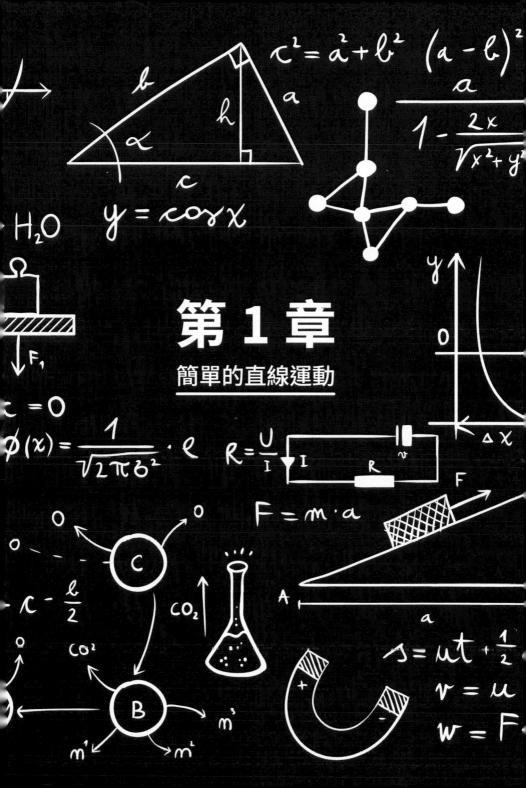

第1章

簡單的直線運動

第 1 節

如何科學評判龜兔賽跑的勝負？

生活物理

有一天，在森林裡兔子和烏龜在比賽跑步。

兔子嘲笑烏龜爬得慢，烏龜說：「總有一天我會贏的。」兔子輕蔑地說：「那我們現在就開始比賽吧！」烏龜答應了，雙方準備好後，猴子大聲喊道：「比賽開始！」

兔子飛快地跑著，烏龜拚命地爬著。沒過多久，兔子就領先了很大一段距離。此時，起點的小動物們都認為兔子肯定贏了。兔子覺得比賽太輕鬆了，牠要先睡一下子，並且認為即使自己睡醒了再跑，烏龜也不一定能追上自己。而烏龜呢，牠一刻不停地爬行，爬呀爬呀，到兔子那裡的時候，牠已經累得不行了，但烏龜想：如果這時和兔子一樣去休息，那比賽就不會贏了，所以烏龜繼續爬呀爬。當兔子醒來的時候，烏龜已經到達終點了。最終，作為裁判的大象宣布：「此次賽跑，烏龜獲勝！」

　　小動物們不敢相信這個結果。起點處的猴子說：「剛出發時，烏龜爬了 1m 的時候，兔子已經跑出去 5m 了，兔子應該贏啊！」中間負責維持秩序的長頸鹿說：「兔子從我身邊飛過，掀起了一陣小風；烏龜從我身邊爬過的時候，牠的每個動作、每個表情，我都看得很清楚。顯然兔子的速度快啊！」

　　為什麼猴子和長頸鹿預測的結果與終點處大象的判斷不同呢？

　　科學實驗：

　　請找幾位同學一同跑 800m 賽跑，用鏡頭記錄賽跑的全過程。請你為全過程解說。在解說過程中強調你對結果的判斷。

原來如此

　　猴子、長頸鹿和大象發生分歧，我們該如何科學地比較出物體運動的快慢呢？不論在生活中還是在科學世界中，人們往往用「速度」一詞描述物體運動的快慢。其實在物理學中，如果只是單純地比較物體運動的快慢而忽略運動的方向，那麼應該稱之為比較「速率」。

　　應該如何理解速率的概念呢？正如故事中位於起點處猴子的觀點那樣，烏龜和兔子在相同的時間內所經過的路程不

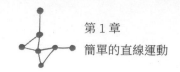
同，誰走的路程遠，則誰跑得快。但是生活中並不是所有物
體都是同時出發的，我們還要更科學地定義。物理學中，把
路程和時間的比值定義為速率，用公式表示為 v = s/t。當路
程的單位是 m，時間的單位是 s 時，速率的單位就是 m/s，
這也是國際單位制下的單位。如果一個物體的速率是 5m/s，
則表示這個物體 1s 走過的路程是 5m。當然，生活中我們也
經常用到另一種常用單位，即路程的單位是 km，時間的單位
是 h，速率的單位是 km/h。這樣我們可以藉由比較速率的大
小來比較物體運動的快慢。

　　既然有統一標準，我們是不是可以直接用比較速率的方
法來比較兔子和烏龜運動的快慢呢？其實，很多物體的運動
速率不是一成不變的。比如說龜兔賽跑中的兔子，牠的運動
就是變速運動。對於變速運動的物體，我們需要考慮瞬時速
度和平均速率。瞬時速度是指運動的物體在某一時刻（或某
一位置）的速率。平均速率是指總路程和總時間的比值。從
物理含義上看，瞬時速度指某一時刻附近極短時間內的平均
速率。龜兔賽跑時，猴子和長頸鹿感受到在其位置處兔子和
烏龜的瞬時速度不同，而裁判大象是根據到達終點的順序判
斷輸贏的，實際上比較的是平均速率。

牛刀小試

表 1-1 是臺北站開往彰化站的某次列車時刻表。

表 1-1 某次列車時刻表

車站名稱	到達	出發	停留
臺北	-	8:25	-
桃園	8:47	9:00	13 min
臺中	9:29	9:31	2 min
彰化	9:41	-	-

已知臺北站距桃園站 45km，桃園站距臺中站 96km，臺中站距彰化站 20km。請計算該次列車全程的平均速率和臺中站到彰化站的平均速率。已知此列車的最高執行速率為 350km/h，你能藉由以上資料計算並判斷出該次列車有沒有發揮出最高時速嗎？請嘗試說出你的分析過程。

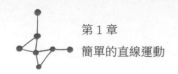
第 2 節

如何追上等速前進的烏龜？

生活物理

在第 1 節中，我們一起回顧了龜兔賽跑的故事。有的同學提出了這樣的疑問：如果兔子在烏龜到達終點之前醒來，並沒有任何猶豫地快速追趕，是否有機會追上烏龜取得勝利呢？

科學實驗：

找一位男生和一位女生到 400m 的操場。讓女生在領先男生 100m 的位置起跑，即男生跑 400m，女生跑 300m。男生能夠追上女生嗎？請加以嘗試。如果追上了，請說明成功的祕訣；如果沒追上，請分析原因。

原來如此

其實，兔子要想取得勝利，就需要在烏龜爬到終點前的有限時間內到達終點，也就需要有更大的平均速率。兔子如何才能獲得更大的平均速率呢？兔子的奔跑速率並不是無限

增大的，在兔子到達最大速率前，一直在做加速運動，達到最大速率後做等速運動。那我們就將物體的運動分成兩部分來分析吧。

首先，我們分析一下加速運動。既然是加速運動，我們更希望兔子的速率能夠快速地增加。最簡單的加速運動就是等加速直線運動了。在等加速直線運動中如何表示加速快慢呢？為了描述物體運動速度變化的快慢這一特徵，引入了加速度的概念：加速度是速度的變化量與發生這一變化所用時間的比值，通常用 a 表示。比如，一門迫擊砲射擊時，砲彈在砲筒中的速度在 0.005s 內就可以由 0 增加到 250m/s，砲彈速度的變化與發生這個變化所用時間之比為 $5 \times 10^4 \text{m/s}$，這就是迫擊砲的加速度。可見，加速度大的物體加速快，那麼在加速過程中的平均速度也較大。其次，我們看一下達到最大速率後做等速運動的過程。如果最大速率更大，那麼平均速度也更大。

總之，更大的加速度和更高的最大速率是兔子反敗為勝的法寶。

思維拓展

生物界神奇的加速度

生物界有很神奇的加速度，先來對比一下吧！

人類奔跑時，最快可以在 4s 內從 0 加速到 40km/h，加速度為 $2.8m/s^2$。

性能優異的汽車，可以在 4s 內從 0 加速到 100km/h，加速度為 $6.9m/s^2$。

太空梭起飛時，可以在 4s 內從 0 加速到 400km/h，加速度為 $27.8m/s^2$。

跳蚤跳躍時的加速度是太空梭加速度的 70 倍，是重力加速度的 200 倍，約為 $2,000m/s^2$。

跳蚤跳躍的距離是自身體長的 200 倍，而且跳蚤能承受超過體重 200 倍的力量！那跳蚤是加速度最快的生物嗎？不是！

水玉黴屬真菌，其貌不揚，主要在糞便上生長。其附著在草上的孢子被草食性動物食用後，會經歷整個消化過程，然後隨糞便排出體外。

水玉黴的特色之一在於它「發射」孢子的能力。它可以讓孢子在幾微秒內從靜止狀態快速運動，加速度相當於 2 萬個標準重力加速度。而訓練有素的戰鬥機飛行員最多只能在短時間內忍受 9 到 10 個標準重力加速度，因此不難想像水玉黴的加速能力有多麼強大。

水玉黴有充分的理由使用這種方式發射孢子，因為對於它這個類型的生物而言，空氣已經過於「稠密」，所以孢子

會遇到大量摩擦，需要大的加速度以在短時間內獲得較快的速度，運動得更遠。水玉黴可以把孢子發射到 2m 之外，距離糞便夠遠，以便被其他草食性動物進食，從而開始新的生命週期。

生活裡的科學

1. 高速鐵路的加速度

高速鐵路的最高速度是 250km/h 到 350km/h，其平均速度能達到 300km/h。高速列車出站後加速到 300km/h 大約用時 10min，加速度大約是 $0.14m/s^2$。加速度很小，這主要是從執行平穩的角度考慮的。同樣，高速鐵路在減速時的加速度也不能太大。如果一輛高速鐵路每站都停靠，那麼在執行中會有非常多的緩慢加速和緩慢減速過程，雖然最高時速很大，但是平均速度很小，整體運行效果不會很好。因此，高速鐵路在設計路線的時候，通常設計為同一條路線的不同列車停靠不同站，大家在購票時也要關注列車中途停靠的車站數。

2. 加速度與航太

喜歡航太的同學可能會發現，太空人在起飛前是躺在飛船內的。火箭升空時太空人為何要保持躺著的姿勢呢？這是

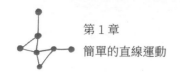

因為火箭升空時的加速度能達到 $50m/s^2$，太空人隨火箭加速升空時，

全身各器官、血液當然要共同加速。由於慣性，血液會更多地集中在身體靠近地面的部分，站姿、坐姿都會引起大腦供血不足。加速時，內臟也會受到拉扯。躺著的姿勢對身體的保護性更好。

是不是所有的太空飛行器都具有很大的加速度呢？結合我們課上所學，較小的加速度也會有很明顯的效果，只要加速時間足夠長。

長距離宇宙航行的太空飛行器，由於受到多種因素的限制，不能增加過多燃料以維持太空飛行器在宇宙空間的持續加速。那麼能否在不消耗燃料的情況下使飛船持續加速呢？答案是肯定的。進入太空後，太空飛行器會利用一種推力雖然很小，但是可以持續不斷提供推力的方式進行加速，這就是利用陽光提供推力，這種太空飛行器也就是我們所說的光帆飛船。

陽光產生的壓力（光壓）是非常小的。不僅人感受不到，就連用普通的儀器也測不出來。在地球附近，陽光照射到一個平整、光亮、能完全反射光的表面時，產生的壓力最大，大約是 $9 \times 10^{-6} N/m^2$。也就是說，$1km^2$ 平整、光亮的面積上才受到 9N 的壓力。

一塊面積為 100m² 的光帆，在陽光正射下可獲得大約 0.1N 的推力，用它推動 100kg 的物體，可產生 1mm/s² 的加速度。這個加速度極其微小，只有地面重力加速度的萬分之一。但即使太空飛行器的加速度只有 1mm/s²，一天以後，速度也能達到 86.4m/s（311km/h）。一個月後，達到約 2,592m/s（約 9,331km/h，約 7.6 倍音速）。130 天後，達到 11.23km/s（已超過脫離速度）。一年後，可達到 31.54km/s，足以飛出太陽系。

牛刀小試

汽車在行駛過程中，在即將上坡時，應該加速還是減速？為什麼？請結合受力分析和發動機功率限制來分析。

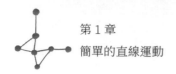

第 3 節

用石頭能測量比薩斜塔的高度嗎？

生活物理

　　如果把質量不同的物體從相同的高度釋放，物體落地時的速度一樣嗎？這樣的運動在物理學中被稱為自由落體。很久以前，科學家就開始研究了自由落體。古希臘思想家亞里斯多德（Aristotélēs，西元前 384 至前 322 年）曾經斷言：物體從高空落下的快慢與物體的重量成正比，重者下落快，輕者下落慢。比如：10 lb[a] 的物體落下時要比 1 lb 的物體落下快十倍。在此之後的 1,800 多年，人們都把這個錯誤論斷當作真理並堅信不移。西元 1589 年的一天，比薩大學 25 歲的青年數學講師伽利略（Galileo Galilei）與他的辯論對手跟著許多人一起來到比薩斜塔。伽利略登上塔頂，將一個 100 lb 和一個 1 lb 的鐵球同時拋下。眾目睽睽之下，兩個鐵球出人意料地同時落到地上，並且在空中任意時刻都處於同一高度。面對這個實驗，在場觀看的人個個目瞪口呆，不知所措。

　　這個被科學界稱為「比薩斜塔實驗」用事實證明，輕重不同的物體從同一高度墜落，它們將同時落地，而且高度越高，落地時間越長，從而推翻了亞里斯多德的論斷。這就是被伽利略所證明的，如今已為人們所認識的自由落體定律。

　　既然落地時間只與高度有關，那麼用一塊石頭和一個秒錶是否就可以測量比薩斜塔的高度呢？

　　lb 為磅的單位符號，$1\text{lb} \approx 0.45\text{kg}$。

　　科學實驗：

　　將一塊石頭從你的頭頂高度由靜止釋放，用秒錶記錄石頭下落過程所用的時間。根據時間可以計算出你的身高嗎？這樣測量誤差大嗎？

原來如此

　　物體下落的加速度與物體的重量無關，也與物體的質量無關。就比薩斜塔實驗而言，大鐵球與小鐵球會同時落地。其實這很清楚，按牛頓的萬有引力定律計算，大鐵球（m 大）與地球 M 之間的引力（F 大）應大於小鐵球（m 小）與地球 M 之間的引力（F 小），伽利略自由落體實驗的結果顯然不能展現這種引力差異。

　　對於同一個物體而言，受到的合力越大，則改變它的運動狀態越容易，即加速度越大。而在相同的受力情況下，物

體的質量越大,則改變它的運動狀態越難,即加速度越小。大鐵球在下落時,受到了較大的引力,但是自身的質量也較大,二者的效果剛好抵消。伽利略自由落體實驗的結果其實是可以推算出來的。

結合等加速度運動的公式,可以得到物體自由下落高度 $h = 1/2gt^2$。透過測量物體下落時間,可以快速得到高度。特別說明一下,一定要讓物體做自由落體運動,即物體只受重力作用,由高空自由下落。

思維拓展

邏輯的力量

落體運動是伽利略在《關於兩門新科學的對話》(*Dialogues concerning two new sciences*)一書中討論的一個重要問題。亞里斯多德認為越重的物體下落得越快,從羽毛和石塊的下落來看,這似乎是對的,但其中空氣的阻力發揮了重要的作用。現在我們可以輕而易舉地在物理課堂上演示羽毛和銅錢在真空的玻璃管內同時下落,但亞里斯多德認為真空是不可能存在的,即所謂「自然懼怕或者說厭惡真空」。在伽利略時代,真空仍不能實現,但他意識到真空是否存在並不重要,重要的是理解落體運動時應當忽略空氣的阻力。伽利略認為:忽略了空氣阻力,所有的物體會以同樣的速度下

落。伽利略是這樣來推理的：依照亞里斯多德的理論，假設
有兩塊石頭，重量大的石頭下落快，重量小的石頭下落慢。
當兩塊石頭被綁在一起的時候，下落快的會被慢的拖慢，所
以整個體系的下落速度介於兩塊石頭單獨下落的速度之間。
但是，將綁在一起的石頭看成一個整體，具有更大的重量，
下落速度應該比單獨下落的兩個速度更大，這就陷入了一個
彼此衝突的境地。伽利略由此推斷物體下落的速度應該不是
由其重量決定的，物體下落的快慢與物體的重量無關。伽利
略的推理讓我們看到了邏輯的力量！

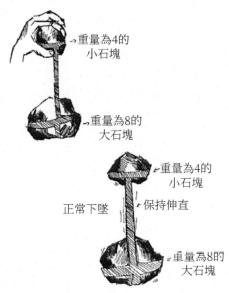

圖 1-8 雙球模型

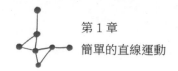

牛刀小試

　　伽利略的相對性原理可表述為：一個對於慣性系做等速
直線運動的其他參考系，其內部所發生的一切物理過程，都
不受系統作為整體的等速直線運動的影響。你怎麼理解這個
原理呢？談一談你的觀點。

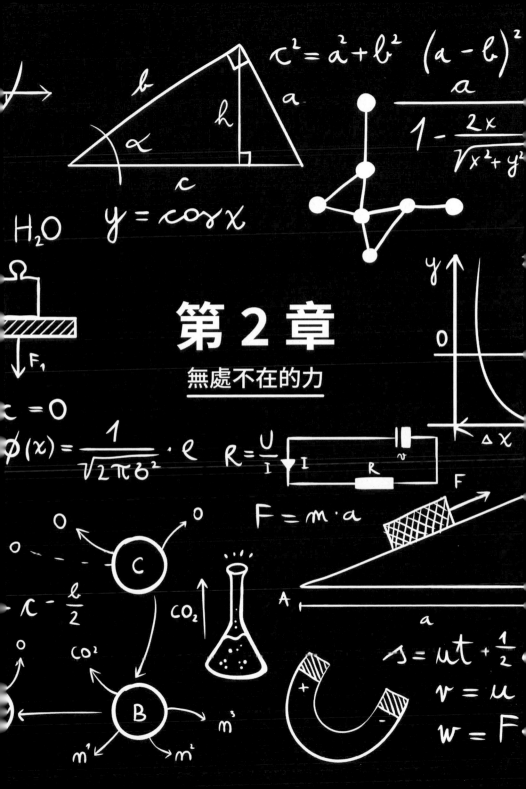

第2章

無處不在的力

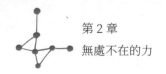
第 1 節

嫦娥奔月後有什麼變化？

生活物理

相傳在遠古的時候，天上突然出現了十個太陽，晒得大地直冒煙，老百姓實在無法生活下去了。有一個力大無比的人叫后羿，他決心為老百姓解除這個苦難。后羿登上崑崙山頂，運足氣力，拉滿神弓，一口氣射下九個太陽。他對天上最後一個太陽說：「從今以後，你每天必須按時升起，按時落下，為民造福。」

后羿為老百姓除了害，大家都很敬重他。很多人拜他為師，跟他學習武藝。有一個叫逢蒙的人，奸詐貪婪，也隨著眾人拜在后羿的門下。

后羿的妻子嫦娥（原名姮娥）是個美麗善良的女子。她經常接濟生活貧困的鄉親，鄉親們都非常喜歡她。一天，崑崙山上的西王母送給后羿一丸仙藥。據說人吃了這種藥，不但能長生不老，還可以昇天成仙。可是后羿不願意離開嫦

娥，就讓她將仙藥藏在百寶匣裡。

　　這件事不知怎麼被逢蒙知道了，他一心想把后羿的仙藥弄到手。農曆八月十五這天清晨，后羿要帶弟子出門，逢蒙假裝生病，留了下來。到了晚上，逢蒙手提寶劍迫不及待地闖進后羿家裡，威逼嫦娥把仙藥交出來。嫦娥心裡想：讓這樣的人吃了長生不老藥，不是要害更多的人嗎？於是，她便機智地與逢蒙周旋。逢蒙見嫦娥不肯交出仙藥，就翻箱倒櫃四處搜尋。眼看就要搜到百寶匣了，嫦娥疾步向前，取出仙藥，一口吞了下去。

　　嫦娥吃了仙藥，突然飄飄悠悠地飛了起來。她飛出了窗子，飛過了灑滿銀輝的郊野，越飛越高。碧藍的夜空掛著一輪明月，嫦娥一直朝著月亮飛去。

　　后羿外出回來，找不到妻子嫦娥。他焦急地衝出門外，只見皓月當空，圓圓的月亮上樹影婆娑，一隻玉兔在樹下跳來跳去。啊，妻子正站在一棵桂樹旁深情地凝望著自己呢！「嫦娥，嫦娥……」后羿連聲呼喚，不顧一切地朝著月亮追去。可是他向前追三步，月亮就向後退三步，怎麼也追不上。

　　如果真的有嫦娥從地球到達了月球，那麼她會有哪些變化呢？如果人們送體重計愛美的嫦娥，她站上去的數字會顯示多少呢？

原來如此

人們常說，物體的重量是多少，那麼科學地看待「重量」這個詞，它包含兩個含義：一個是質量，一個是重力。最初，牛頓把質量說成物質的數量，即物質多少的量度。我們知道，人也是由多種物質組成的，物質的多少是不會隨著位置、狀態的變化而變化的。重力的產生源於萬有引力，是由於地球吸引而使物體受到的力。物體受到重力的大小跟物體的質量 m 成正比，而當 m 一定時，物體所受重力的大小與重力加速度 g 成正比，用關係式 G = mg 表示。通常在地球表面附近，g 值約為 9.8N/kg，表示質量是 1kg 的物體受到的重力是 9.8N。其方向垂直向下。

大家可以回想一下，我們在使用體重計測量體重時，要把體重計水平放置，然後人站在上面，不能有人向下壓，也不能有人向上提。這又是為什麼呢？因為只有當人自由站在體重計上的時候，人對秤的壓力才能等於人的重力，即體重計實際上秤量的是人對其施加的壓力，再用壓力除以重力加速度就得到了質量。

月球上的物體是不是也有重力呢？當然是的，但是與地球上的重力有區別。由於月球和地球的質量是不同的，重力加速度的大小也不同。在月球上，重力加速度大概是地球的 1/6。如果將體重計拿到月球上使用，依然會有數字，但是

數字為物體在月球上的重力除以地球的重力加速度得到的，
因此結果為真實質量的 1/6。

牛刀小試

有沒有月球上和地球上通用的測量質量的儀器？

第 2 節

怕踩的乒乓球

生活物理

　　乒乓球想必大家都不陌生。生活中大家是否做過這樣的嘗試：輕輕捏乒乓球，乒乓球會發生形變，鬆手後，乒乓球自動反彈，恢復原狀；用力踩乒乓球，乒乓球也會發生形變，但抬腳後乒乓球並沒有恢復原狀。這是為什麼呢？有的同學認為腳比手有力氣。那是不是所有的物體都會有這樣的特性呢？

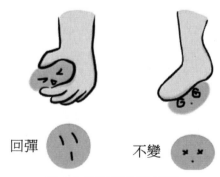

回彈　　　　　　不變

圖 2-4 乒乓球不同的形變

科學實驗：

選取一個橡皮筋和一塊黏土，分別用力使它們發生形變。撤掉力之後會發生什麼現象？在使二者發生形變的過程中，令橡皮筋發生形變是不是更費力一些呢？

原來如此

根據物體發生形變後能否恢復原狀，將形變分為彈性形變和塑性形變。

在外力的作用下，物體發生形變，當外力撤去後，物體能恢復原狀，則這樣的形變叫做彈性形變，如彈簧的形變、用手捏的乒乓球發生的形變等。發生形變的物體對與它接觸的物體會產生力的作用，這種力叫做彈力。

在外力的作用下，物體發生形變，當外力撤去後，物體不能恢復原狀，則稱這樣的形變為塑性形變，如黏土的形變、用腳踩的乒乓球發生的形變等。

那為什麼有的物體既可以發生彈性形變又可以發生塑性形變呢？這就要提到物體的彈性限度了。彈性限度亦稱彈性極限，是指物體受到外力作用，在內部所產生的抵抗外力的相互作用力不超過某一極限值，若外力作用停止時，物體形變可全部消失，恢復原狀，這個極限值稱為彈性限度。

乒乓球也有彈性限度，正如大家所想的那樣，腳踩的力

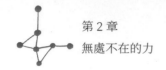
量更大,使乒乓球發生了更大的形變。腳踩乒乓球超過了它的彈性限度,對乒乓球造成了毀滅性的損害。

力的作用效果主要有兩類,一類是使物體的運動狀態發生變化,另一類是使物體發生形變。任何物體都能發生形變,不過有的形變比較明顯,有的形變極其微小。其實物體形變每時每刻都在發生,並影響著我們。運動場上籃球著地時,如果籃球和地面不發生形變,籃球就不會彈起;網球接觸球拍的一瞬間,如果網球和球拍沒有形變,網球就不能彈出,我們就不能欣賞精彩的網球賽;甚至我們走路時,如果鞋底和地面沒有形變,我們就無法行走;拿杯子時,如果手指和杯子沒有形變,我們就喝不了水。總之,沒有物體的形變,我們幾乎做不了任何事情。

思維拓展

隔山打牛

雖然形變離我們很近,是生活中的尋常事,但有些形變具有令人耳目一新的趣味。

我們取出 3 枚硬幣,分別標註為 A、B、C,A 和 B 兩枚硬幣緊靠在一起,用手指輕輕按住 A 硬幣,在稍微遠的地方用另一隻手彈出 C 硬幣,使其撞擊緊靠在一起的 A、B 硬幣,被撞擊的 A 硬幣不動,而 B 硬幣被撞飛。這是什麼原

因呢？原來，雖然硬幣較硬，但是在外力的作用下它仍然會發生微小形變，只是我們肉眼看不見罷了。當 A 硬幣受外力衝擊時，在一瞬間發生了微小的彈性形變，因為它要恢復原狀，所以向恢復原狀的方向上擴張，於是對緊靠著它的 B 硬幣產生力的作用，使其彈出。

而用力拍桌子，能讓輕小的物體「跳」起來，也是這樣的道理。用力拍桌子的一瞬間，桌面發生了形變，它要恢復原狀，對放在它上面的輕小物體有沿恢復原狀方向上力的作用，當這個力大於輕小物體自身的重力時，物體就會「跳」起來。

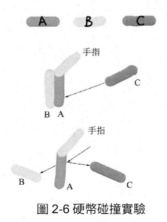

圖 2-6 硬幣碰撞實驗

牛刀小試

如何利用家裡的常用物品設計一個彈簧測力計？能否用它測量質量？

第 3 節

為什麼降雨的危害不如墜落物？

生活物理

除了重力和彈力，物體還會受其他因素的影響嗎？讓我們對比並分析以下現象。

墜落物會對社會帶來很大的危害。「磁磚砸死人」事件經媒體報導後引起社會廣泛關注，有關城市墜落物威脅人們「頭頂安全」的社會問題再次引起人們的熱議。與此同時，也有人在思考。下雨天雨滴從天空中落下，為什麼就不會對人造成傷害呢？

科學實驗：

將一根羽毛和一把尺同時在空中同一高度釋放，它們會同時到達地面嗎？顯然不會，羽毛要慢很多。這貌似跟我們之前的認知有出入。是因為羽毛這種物體不適用於之前所說的規律嗎？其實不然，如果將其放在被抽到近似真空的真空罩或者真空管裡，二者卻能同時下落。

原來如此

肯定不少人會說，因為雨滴的質量小，比較輕，所以不會對人造成傷害。但是更高空落下的雨滴，其重力位能的大小也是不容小覷的。

其實，雨滴下落過程中的空氣阻力是不能被忽視的。如果沒有空氣（阻力），當天上的雲變成雨落下來，經過一路的加速運動之後，雨滴到達地面時的速度會達到 300m／s，相當於普通手槍發射子彈的速度。以這樣的速度落下，對生物體幾乎是致命的。由於空氣阻力的存在，雨滴形成並開始下落，要經過短暫的加速度（方向相反）運動。當雨滴受到的空氣阻力等於自身的重力時，開始進入等速下落階段，直至到達地面。物理學上把這個等速下落階段的速度稱為物體的終端速度。

1. 雨滴的大小

一般情況下，雨滴的直徑為 0.5 至 6mm，極少數情況下，雨滴的直徑會達到 8mm 甚至 10mm（曾在夏威夷群島觀測到）。

科學家發現，如果空氣中的水珠直徑小於 0.5mm，那麼由於大氣層上升氣流的作用，水珠能夠被留在空中。由於空氣阻力的存在，直徑大的水珠在下落過程中往往會分解成

許多體積驟減的細小水珠。此外，直徑大的水珠在下落時相互不斷碰撞，也促使它們分解。科學家在實驗室進行研究發現，水珠通常在直徑達到大約 5mm 時就開始分解為直徑較小的水珠。這就是為什麼在地面上很少看到直徑 5mm 甚至更大的雨滴。

2. 雨滴的大小與終端速度

雨滴的終端速度與雨滴的大小有較強的相關性。一般而言，毛毛雨的雨滴（直徑約為 0.5mm）終端速度為 2m/s，而暴雨（最大直徑為 5.5mm 左右）的雨滴最大終端速度為 8 至 9 m/s。而墜落物一般可以視為自由落體，大概需要 4m，速度就可以達到 8 至 9m/s。

思維拓展

跳傘中的力學知識

跳傘運動看似簡單，實際上蘊含了很多物理運動學知識。要實現安全跳傘，了解其中的物理知識很重要。對全程運動狀態和開啟降落傘時機的判斷，是能否順利完成跳傘的關鍵。開啟降落傘的時間不能太晚，否則降落時速度過快，會造成傷害甚至死亡。

　　下面從運動和受力的角度分析跳傘運動的過程。在這裡，可以考慮最理想的情況，天氣晴朗，除垂直方向的阻力外，其他方向的作用力忽略不計。另外，跳傘員自身的主觀因素和相關的氣流等因素也不作考慮。跳傘員在下落的過程中，除了受重力，還受到與運動方向相反的空氣的阻力，而阻力隨著下落速度的增大而逐漸增大。所以，跳傘開始階段，空氣阻力很小，可以視為自由落體。隨著速度的增大，空氣阻力也隨之增大，運動過程不再是自由落體。根據牛頓（Isaac Newton）第二定律，跳傘員下降的加速度逐漸減小，跳傘員做加速度逐漸減小的加速運動，最終會達到一個平衡狀態。在達到平衡狀態時，跳傘員的速度將會達到一個極限值，此時的速度通常稱為極限速度。達到平衡狀態後，在適當時機開啟降落傘，此時阻力特別大，運動員做減速運動，要想安全降落，與地面接觸時的速度必須控制到足夠小。

牛刀小試

　　冰雹與墜落物比起來，其危害是否更大？請查閱相關資料，嘗試解釋。

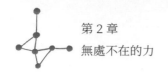
第 4 節

捏不碎的雞蛋

生活物理

　　我們知道了自然界中存在的幾種力，那力是如何共同作用於物體的呢？讓我們來看看雞蛋的智慧。提到雞蛋，人們總有一種「危如累卵」的聯想，因為蛋殼很薄，感覺很容易打破。孵化成熟的雛雞能很輕易地破殼而出。然而有一種情況，可能會讓你感到很普通的雞蛋也沒有那麼脆弱：把雞蛋放在兩手的掌心之間，用力擠壓它的兩端，要用很大的力氣才能壓碎它。

　　《死魂靈》（*Myortvyje dushi*）裡的基法・莫基耶維奇曾在好幾個哲學問題上絞盡腦汁，其中有這樣一個問題：「如果大象能生蛋，那蛋殼應該不至於厚到沒有什麼砲彈打得碎吧！唉，現在是到了發明一種新火器的時候了。」這位「哲學家」如果知道普通的蛋殼雖然很薄，卻也沒有那麼脆弱，他一定會大吃一驚的。那麼，蛋殼為什麼會如此堅固呢？

原來如此

要想說清楚這件事，首先我們要明白不在一條直線上的幾個力的合成所遵循的規律。兩個力合成時，以表示這兩個力的線段為鄰邊作平行四邊形，這兩個鄰邊之間的對角線就代表合力的大小和方向。這個法則叫做平行四邊形定則，如圖所示。

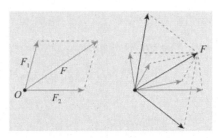

圖 2-10 平行四邊形定則

反過來，如何分解力 F 呢？因為分力的合力就是被分解的那個力，所以力的分解是力的合成的逆運算，同樣遵守平行四邊形定則。把一個已知力 F 作為平行四邊形的對角線，那麼，與力 F 共點的平行四邊形的兩個鄰邊就表示力 F 的兩個分力。如果沒有限制，由一條對角線可以做出無數個不同的平行四邊形。也就是說，同一個力 F 可以分解為無數對大小、方向不同的分力。一個已知力究竟應該怎樣分解，要根據實際情況確定。

　　人類模仿雞蛋外形建造了拱形橋，中國著名的古橋 ——
趙州橋、城門洞等許多橋梁和建築也都採用拱形結構。上方
的石頭向下施加壓力，壓在拱門中心的楔形石頭上。但是這
塊石頭由於是楔形的，不能向下移動，而只能壓在相鄰的兩
塊石頭上。這時候壓力可以按照平行四邊形定則向兩側分解
成兩個力。這兩個力被兩邊相鄰石塊的阻力平衡了，而這兩
塊石塊又被擠在旁邊的石塊之間。由於拱形頂部受到的壓力
能透過拱形體均勻地傳遞給兩側，因此只要有堅固的底部，
從外面壓在拱門上的力就不會把拱門壓壞。可是如果從下往
上向它用力，那就比較容易把它破壞，因為楔形的石塊雖然
不能下落，卻能夠上升。蛋殼雖然是整塊的，但它的結構類
似於拱門。因此，蛋殼雖然很薄、很脆，卻能承受外來的較
大的壓力。

思維拓展

人體中的拱形結構

　　生活中有很多物體的堅固源於拱形結構。電燈泡看起來
很脆弱，實際上卻極堅固，這同蛋殼很堅固是同樣的道理。
然而電燈泡的堅固性比蛋殼還要驚人，因為我們知道有許多
燈泡幾乎是中空的，裡面沒有什麼物質可抵抗燈泡外面空氣
的壓力。而空氣對電燈泡的壓力並不小，直徑 10cm 的燈泡

所受的壓力在 750N 以上（相當於一個 75kg 人的體重）。實驗證明，真空燈泡甚至能經受住 1,875N（相當於 2.5 個人的體重）的壓力。同樣的情形也出現在人的身體結構上，我們每天走路、奔跑、跳躍，都要經受各式各樣的衝擊。計算顯示，從高處跳下，腿部受到的衝擊力有時可以達到幾萬牛頓，但是人體並沒有因為這些衝擊而損壞。這要歸功於人體內部奇妙的結構 —— 在人體的內部既有減震的「彈簧」，又有結實的「拱橋」。

　　人體像建在兩個柱子上的大廈，上身的重量約占體重的 70%，透過脊柱壓在兩條腿上。按建築學的原理，兩條腿的中間應該有一根很粗的「梁」才能承受住這麼大的重力，這根「梁」必須相當結實，因為人在運動中所產生的衝擊力有時是體重的十幾倍，甚至是幾十倍。但是在人體內找不到一根結實、厚重的「梁」。連接人體上身和兩腿的是骨盆，骨盆很輕、很薄，是怎麼承受這麼大的力量的呢？原來骨盆類似於一個「拱門」，拱的前下方透過恥骨拉緊，上身的重量透過脊柱末端的骶骨壓到兩個髂骨上，再傳到大腿骨上，恥骨的連線使這個拱更加穩固，不受腿部運動的影響。除此之外，在人的兩隻腳上有兩個「拱橋」，就是足弓，它們由一連串的小骨頭組成，不僅能使人站立得更穩固，還保護著足底的神經和血管免受壓迫，還能發揮防震的作用。

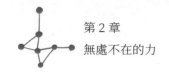
這些事實都說明，曲面能把外來的力沿著曲面均勻地分散開，所以即使物體很薄，也能承受較大的外力。古代盾牌做成曲面，使凸面對敵；現代航太航空、造船、化工等許多領域都廣泛應用了相關理論。

牛刀小試

大家可以做這樣一個小實驗：先將半個蛋殼（邊緣是平的）倒放在桌面上，使凸面朝上。手拿一根鐵釘，釘尖朝下，在蛋殼上方 10cm 處放手，讓釘尖正好擊在蛋殼最凸起的位置上，蛋殼會被擊破嗎？再將蛋殼翻過來，讓凹面朝上，重做上面的實驗，會有什麼發現？

第 5 節

難以置信的平衡

生活物理

　　如果物體所受合力為零，那麼物體就會處於平衡狀態。平衡，在生活中指的是一個穩定的狀態，物理學中特指靜止或等速直線運動狀態。在這個複雜的世界中，要想讓物體處於靜止或者等速直線運動狀態並不是一件容易的事。例如雜技演員表演的驚險的平衡讓我們感到不可思議。

　　科學實驗：

　　請你坐在椅子上，把上身挺直，而且不准把兩腳移到椅子底卜。不許把上身向前傾，也不許改變兩腳的位置，請試試看能站起來嗎？

　　結論是無論你費多大的力氣，只要不把上身向前傾或者把兩腳移到椅子底下去，就休想站起來。要想明白這是怎麼一回事，我們得先談談人類是怎麼找平衡的。

原來如此

說到找平衡，首先我們要認識重心。

地球上的任何物體都要受地球的引力，若把物體假想地分割成無數部分，那麼所有這些微小部分受到的地球引力將組成一個空間交會力系（交會點在地球中心）。由於物體的尺寸與地球的半徑相比小很多，因此可近似地認為這個力系是空間平行力系，此平行力系的合力 G 即物體的重力。經由實驗可以知道，無論物體如何放置，其重力總是通過物體內的一個確定點 —— 平行力系的中心，這個確定的點稱為物體的重心。重力的作用線就是過重心的垂直直線。

我們先討論一下物體「跌倒」的過程。我們把一塊磚垂直放在地面上，這時重力的作用線藉由它的支撐面，所以磚能保持平衡。如果我們在磚的頂端加一個力，使磚離開原來的平衡位置而傾斜一定角度，在傾斜的角度比較小的情況下，磚的重力作用線仍在原來的支撐面內，這時如果撤去這個力，磚會回到原來的平衡位置，不會倒下；如果施加的作用力使磚傾斜的角度過大，磚的重力作用線超出了原來的支撐面，磚就會傾倒而達到另一個平衡位置。可以看出，「跌倒」與否的關鍵是重力的作用線是否越過了支撐面。

無論是站立還是行走，只有當過重心的垂直線在一定的面積（該面積是兩腳外緣形成的小面積）範圍內時人才不

會倒。因此用一隻腳站立是十分困難的，而在鋼索上站立就更加困難了，因為這種情況下底面積非常小。你注意過老水手們走路的姿勢嗎？他們大多數時間都在搖擺不定的船上，在船上，從人體重心引下的垂直線每一秒都可能越出兩腳之間的範圍，為了不至於跌倒，老水手們都習慣把他們身體的底面積盡可能放大（即兩隻腳盡量合適地張開），這樣他們才可能在搖擺的甲板上站穩，自然而然，他們這種走路的方法也沿用到陸地上。還有我們在公車上為了站穩，也是把兩隻腳盡量地張開一定的角度。另外，當人站在人字梯上工作時，梯子必須平衡，這就要求梯子的 4 個支腳撐開的面積要足夠大，否則人在上面就會有危險。這樣的例子數不勝數。日常生活中人們經常用加大支撐面的辦法增加物體的穩定度，檯燈下面有大底座，瓶子的底部比瓶口大，大煙囪的下方比上方粗，等等。

現在，我們回到科學實驗上來。一個坐定的人，他的身體重心位置是在身體內部靠近脊椎骨的地方。從這一點向下畫一條垂直線，這條垂直線一定通過座椅，落在兩腳的後面。但是，一個人要想站起來，這條垂直線一定要經過兩腳之間的那塊面積。因此要想站起來，一定要上身向前傾或者把兩腳向後移。上身向前傾是把重心向前移；兩腳向後移是使從重心引下的垂直線能夠投影於兩腳之間的面積內。我們

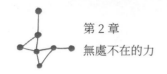

平時從椅子上站起身來的時候，正是這樣做的。假如不允許這樣做，那麼想從椅子上站起身來是不可能的。

思維拓展

福斯貝里（Richard Douglas "Dick" Fosbury）的故事

西元 1968 年，美國運動員福斯貝里在第 19 屆奧運會上，用獨特的弧線助跑，背向橫桿的過桿方法，以 2.24m 成績摘取了男子跳高比賽桂冠。當時人們將這種跳高方式稱為「福斯貝里式」，後稱為「背越式」。從此，背越式跳高技術開始盛行，並逐漸被大部分跳高運動員採用。

西元 1947 年 3 月 6 日，福斯貝里出生於美國的波特蘭。年輕的他一直夢想著成為世界上跳得最高的人。那時，全世界跳高流行的姿勢是俯臥式，他也沿用此式練習了很長一段時間。但是愛動腦筋的福斯貝裡總覺得這種姿勢不能把腰腿的力量全用上，於是他便鑽研起來。一天他突然獲得靈感：若能簡單地平放身體過桿，可能效果更佳。經過一番思索，他找到了一個方案：跑弧線接近橫桿，轉身單腿起跳後背對橫桿，頭部、上體、臀部、腳依次過桿，用肩背部落地。福斯貝里最早採用這種姿勢時，人們都感到滑稽可笑，但他毫不動搖，堅持採用背越式參加跳高比賽。西元 1965 年，18 歲的福斯貝里用這種獨特的背越式技術越過了 2m 的高度，

使人們看到了這種新姿勢的潛力。西元 1967 年，福斯貝里的背越式技術更趨完善，他用背越式姿勢跳過了 2.13m，進入世界優秀運動員的行列。西元 1968 年，在墨西哥城奧運會上，他以 2.24m 的成績獲得金牌，並打破了奧運會紀錄。全世界的電視觀眾都被他舒展而優美的姿勢征服了。

　　福斯貝里是第一個採用背越式過桿技術並獲得重大成就的運動員，這是跳高史上的一次技術革命。背越式技術的優點在於動作簡單、自然、容易掌握，能最大限度地發揮運動員的運動能力。

牛刀小試

　　請查閱相關資料，說一說還有哪些尋找物體重心的方法。

第 3 章

運動的物體真厲害

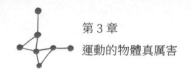
第 1 節

人不動也能走上萬公里

生活物理

我即使不動，一天也能走上萬公里，這能辦到嗎？

科學實驗：

生活中我們經常乘坐電梯。你在電梯等速上升過程中閉上眼睛，能感覺到電梯在上升嗎？我們的感受往往和站在地面時一樣，並沒有向上或者向下的感覺。這是因為在電梯等速上升過程中，人具有慣性，會保持跟電梯一樣的運動狀態不變，並不需要力的作用。

原來如此

赤道周長約 40000km，地球一天自轉一圈。雖然人在赤道上相對於地面是靜止的，但是確實跟著地球的自轉改變在宇宙中的位置了，所以也走了上萬里。只是平時我們所說的行進多少路程是相對於地面的位置移動，而「人不動也能移

動上萬公里」所說的是在宇宙空間中所經過的路程。那人為什麼會跟隨地球的自轉一起運動呢？

這裡不得不提的就是慣性了。在物理學裡，慣性（Inertia）是物體抵抗其運動狀態被改變的性質。物體的慣性可以用其質量來衡量，質量越大，慣性也越大。牛頓在其鉅著《自然哲學的數學原理》（*Mathematical principles of natural philosophy*）裡這樣定義慣性：是物體固有的屬性，是一種抵抗的現象，它存在於每一物體中，大小與該物體的質量成正比，並盡量使其保持現有的狀態，不論是靜止狀態，或是等速直線運動狀態。

例如，當你踢到球時，球就開始運動，這時由於球具有慣性，它將不停地滾動，直到被外力所制止。任何物體在任何時候都是有慣性的，它要保持原有的運動狀態。我們有著跟地球自轉相同的速度，那就會保持這個速度一直運動下去，這個運動的維持不需要額外的向前或者向後的力，所以我們待著就好，不需要努力就可以實現日行八萬里。

思維拓展

慣性相關知識認識過程中的主要人物。

1. 尚·布里丹（Jean Buridan）

在西元 14 世紀，法國哲學家尚·布里丹提出衝力說。他稱呼促使物體運動的力為衝力，衝力由推動者傳送給物體，促使物體運動。他否定了衝力會自己消耗殆盡的觀點。布里丹認為永存不朽的衝力是被空氣阻力或摩擦力等逐漸抵銷的，只要衝力大於阻

圖 3-2 尚·布里丹

力或摩擦力，物體就會繼續移動。布里丹認為衝力與物體密度和體積成正比，且速度越大，衝力越大；物體內部的物質越多，能夠接受的衝力越大。

2. 克卜勒（Johannes Kepler）

德國天文學家克卜勒在西元 1618 年至 1621 年分三階段發表的著作《哥白尼天文學概要》（*Epitome Astronomiae Copernicanae*）中最先提出術語「慣性」，拉丁語為「懶惰」的意思，與當今的詮釋不太一樣。克卜勒以對運動變化的抗拒定義慣性，這仍舊是以亞里斯多

圖 3-3 克卜勒

德的靜止狀態為自然狀態為前提。一直等到後來伽利略的研
究，牛頓將靜止與運動統一於同一原理，術語「慣性」才有
了當今所被認可的含義。

3. 伽利略

　　慣性原理是伽利略在西元 1632
年出版的《關於托勒密和哥白尼
兩大世界體系的對話》（*The Dia-
logue on the Two Chief Systems of the
World*）一書中提出的，它是作為
捍衛日心說的基本論點而被提出
來的。

圖 3-4 伽利略

　　根據亞里斯多德的觀點，力的持久作用可使物體保持等
速運動。但是伽利略的實驗結果證明：物體在引力的持久影
響下並不會做等速運動，而是每次經過一定時間之後，在速
度上就有所增加。物體在任何一點上都繼續保有其速度並且
被引力加劇。如果引力能夠截斷，物體將仍舊以它在那一
點上所獲得的速度繼續運動下去。伽利略利用金屬球在斜面
滾動的實驗得到，金屬球以等速繼續滾過一片光滑的水平桌
面。從以上這些觀察結果就得到了慣性原理。

　　這個原理闡明，物體只要不受外力的作用，就會保持其
原來的靜止狀態或等速運動狀態不變。

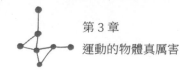

伽利略總結，假若不碰到任何阻礙，運動中的物體會持續做等速直線運動。

他將此稱為慣性定律。這一理論剛被提出時並不被其他學者接受，因為當時大多數學者不了解摩擦力與空氣阻力的本質，不過伽利略的實驗以可靠的事實為基礎，經過抽象思維，抓住主要因素，忽略次要因素，更深刻地反映了自然規律。

伽利略的慣性原理是近代科學的起點，它摧毀了反對哥白尼（Nicolas Copernicus）的所謂缺乏地球運動的直接證據的藉口。

4. 笛卡兒（Rene Descartes）

圖 3-5 笛卡兒

笛卡兒等人在伽利略研究的基礎上更深入地研究科學。笛卡兒認為：如果運動物體不受任何力的作用，那麼不僅速度大小不變，而且運動方向也不會變，將沿原來的方向等速運動下去。

5. 牛頓

　　被現代社會所普遍認知的慣
性原理來自於牛頓的《自然哲學
的數學原理》，定義如下：任何物
體都要保持靜止或者等速直線運
動狀態，直到外力迫使它改變運
動狀態為止。

圖 3-6 牛頓

　　寫出這著名的牛頓第一運動
定律後，牛頓開始描述他所觀察到的各種物體的自然運動。
像飛箭、飛石一類的拋體，假若不被空氣的阻力抗拒，不被
引力吸引墜落，它們會速度不變地持續運動。像陀螺一類的
旋轉體，假若沒有地面的摩擦力影響，它們會永久不息地旋
轉。像行星、彗星一類的星體，在阻力較小的太空中移動，
會更長久地維持它們的運動軌道。在這裡，牛頓並沒有提
到牛頓第一運動定律與慣性參考系之間的關係，他所專注的
問題是，為什麼在一般觀察中，運動中的物體最終會停止
運動？

　　他認為原因是有空氣阻力、地面摩擦力等作用於物體。
假若這些力不存在，則運動中的物體會永遠不停地做等速運
動。這個想法是很重要的突破，需要有極為敏銳的洞察力與
豐富的想像力。

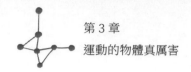
牛頓第一運動定律是經典物理學的基礎之一，對慣性原理的理解隨著現代物理學的發展而出現了改變。牛頓說：「我只是站在巨人的肩膀上！」

牛刀小試

生活中還有哪些慣性現象？你能利用慣性知識解釋這些現象嗎？

第 2 節
為什麼你載不動胖子？

生活物理

　　大家身邊多少都有胖子朋友吧。根據牛頓第一運動定律，人不管胖瘦，都有保持原來運動狀態不變的性質，那在運動過程中，胖人和瘦人之間有什麼區別呢？如果有個胖子朋友想坐你的腳踏車後座，你有何感想？哪怕是電動腳踏車，你是否也隱隱感覺電動腳踏車的抗議呢？為什麼載不動胖子？

　　科學實驗：

　　準備兩個質量不同的小球，用彈球的手法分別彈出兩個小球，你會有什麼感覺呢？認真實驗一番你會發現，質量大的小球更難被彈出。這是因為同樣大小的力給質量較大的球提供的加速度更小。

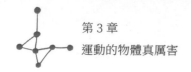
原來如此

這一切要從牛頓第二運動定律說起。伽利略指出：以任何速度運動著的物體，只要排除加速或減速的外因，此速度就可以保持不變。笛卡兒也認為，在沒有外力作用時，粒子或者做等速運動，或者靜止。牛頓把這一假定作為第一定律，並將伽利略的思想進一步推廣到有力作用的場合，提出了第二定律。

西元 1684 年 8 月，在愛德蒙‧哈雷（Edmond Halley）的勸說下，牛頓開始寫作《自然哲學的數學原理》，他有條理地整理手稿，重新考慮部分問題。西元 1685 年 11 月，形成了兩卷專著。西元 1687 年 7 月 5 日，該書使用拉丁文出版。書中提出了牛頓第二運動定律：物體加速度的大小與作用力成正比，與物體質量成反比（與物體質量的倒數成正比），加速度的方向與作用力的方向相同。也就是說：我們要給質量大的物體提供同樣的加速度，需要更大的力。

牛刀小試

彈力方程式賽車

彈力方程式賽車很多人都不熟悉，但說到「皮筋車」，恐怕很多人小時候都玩過。其實小小的「皮筋車」就可以製

作成彈力方程式賽車。你或許會感到好奇：這麼一個小東西可稱之為方程式賽車，一定有很深厚的工業設計、材料學、力學、空氣動力學、加工的基礎。

彈力方程式賽車簡稱「FE」，FE 是「formula elastic」的縮寫。其中 formula 譯為「方程式」，elastic 譯為「彈力」，該專案是一項以創意設計為核心內容的皮筋動力車綜合設計競賽，參賽車輛必須使用規定的橡皮筋作為唯一的驅動力。

所有車型的結構均需要自行設計，包括材料的選取、數位建模、零件的微加工等，而統一要用的動力是一根近 5m 長的橡皮筋。除了核心動力與真實汽車不同，彈力方程式賽車擁有與真車一樣的齒輪、軸承、避震器、煞車盤等，充滿了科技感和趣味性，而玩家在製作過程中可提高設計能力，創新設計思維。

請自主設計一輛彈力方程式賽車，思考如何改進並提高方程式賽車的載重質量。

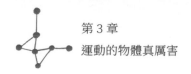
第 3 節

擊打木人樁為什麼手會痛？

生活物理

　　我們向物體施加不同大小的力，物體的運動狀態可能會發生變化。這個過程中對我們自己有什麼影響嗎？我們經常在影視作品中看到葉問這個角色。葉問在練習詠春拳的時候，非常有力量地快速擊打木人樁，讓我們看得非常過癮。有的人看了覺得很容易，自己也去嘗試用力擊打木人樁。但結果可想而知，當他用力擊打時，自己感覺到非常疼痛。那為什麼用力擊打木人樁卻感覺好像是自己被木人樁打了呢？

　　科學實驗：

　　動手折一隻紙青蛙，用力向下擠壓青蛙的後部，青蛙會向前跳躍。這是利用了青蛙和地面的相互作用力來實現跳躍的。

原來如此

　　這種現象涉及相互作用的兩個物體間的作用力，我們需要用牛頓第三定律來研究。牛頓第三定律通常表述為：相互作用的兩個物體之間的作用力和反作用力總是大小相等，方向相反，作用在同一條直線上。這個定律表明，當我們擊打木人樁時，木人樁對我們的力的大小與我們施加的力的大小相等。我們施加的力越大，受到的力也越大。可見：擊打木人樁不僅僅練習進攻，也在增強自己的抗擊打能力。

思維拓展

火車大碰撞

　　如果一列高速運行的火車撞向另一列停在車站裡的火車，哪列火車受到的衝擊力更大？有了牛頓第三定律，我們可以清晰地判斷出兩列火車相撞時，兩列火車會受到相同的衝擊力。有意思的是，上面的問題與火車的質量是無關的，不管是大質量火車撞小質量火車，還是小質量火車撞大質量火車，兩列火車受到的衝擊力都是相等的。

　　但這並不是說碰撞造成的損失相同。儘管兩列火車所受到的衝擊力一樣大，但在不同情況下會有不同的結果，也就會造成不同的損失。這是因為碰撞還遵循另一個重要的物理

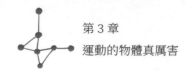

定律 ── 動量守恆。動量是物體質量和速度的乘積，如果是高速行駛的火車撞上停在車站的火車，碰撞之後，高速行駛的火車將會繼續前進並逐漸減速，最終停下，這是一種緩和的碰撞方式。如果是高速行駛的火車撞上行駛速度較慢的火車，情況也差不多是這樣的。最可怕的碰撞是兩列高速行駛的火車迎面相撞，由於碰撞時間極短，因此衝擊力比前面的兩種情況大得多，兩列火車將在反作用力的作用下突然轉為反向運動，會產生更大的加速度，更加危險。

牛刀小試

在撞球比賽中，撞球高手們用桿擊母球，當母球碰完目標球後，有時是跟著向前走，有時是往回走，有時是定在碰撞的位置不動，請實踐並思考背後原理。

第 4 節

在電梯裡量體重

生活物理

生活中我們通常用體重計測量體重，體重計是如何知道我們的體重的呢？實際上在測量過程中，牛頓第三定律功不可沒。在體重計的使用說明書中會指出，體重計要放在堅硬、平整的地面使用。那有沒有人把體重計放在堅硬、平整的電梯地面測量呢？如果你嘗試了就會發現：體重計數字不是一直不變的，電梯啟動上升的時候數字會比較大；上升停止時數字會減小；靜止的時候、等速上升過程中數字才是真實的體重。這又是怎麼回事呢？

原來如此

要解釋電梯裡體重計數字變化的問題，就要從我們經常聽到的超重和失重說起了。在物理學中，物體對支撐物的壓力小於物體所受重力的現象叫失重；物體對支撐物的壓力大

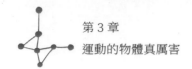
於物體所受重力的現象叫超重。那什麼時候壓力大，什麼時候壓力小呢？在這裡，我們就要以受力的角度分析人了。人對體重計的壓力大小決定著體重計的數字，而這個壓力也等於體重計對人的支撐力。也就是說，我們要看支撐力與重力的大小關係。當電梯啟動上升時，加速上升，加速度向上，那麼在垂直方向上支撐力大於重力，合力向上；而上升停止時，減速上升，加速度向下，那麼在垂直方向上支撐力小於重力，合力向下。因此，當電梯啟動上升時為超重；當電梯停止上升時為失重。這也就解釋了為什麼在電梯中量體重會有不同的結果了。

生活中的科學

完全失重是指物體在引力場中自由運動時有質量而不表現重量的一種狀態，又稱零重力。完全失重有時泛指零重力和微重力。超重是物體所受限制力（拉力或支撐力）大於物體所受重力的現象。當物體做向上的加速運動或向下的減速運動時，物體均處於超重狀態，即不管物體如何運動，只要具有向上的加速度，物體就處於超重狀態。超重現象在發射太空飛行器時更常見，所有太空飛行器及其中的太空人在剛開始加速上升的階段都處於超重狀態。

太空飛行器飛行過程中，太空人從靜止開始加速的時候

存在超重現象,主要是因為除了重力加速度,又增加了一個火箭遠離地球的加速度。同樣是超重或失重,對飛行員和太空人產生的影響有很大區別。一般情況下,人類耐受超重的能力有一定極限,最關鍵的原因是在超重過程中,人體的血液會重新分布。由於人體的一般組織不具有流動性,而血液和淋巴具有流動性,因此相對固定的組織和液體之間會產生不同的應力。可以想像一個裝有液體的試管,在加速的過程中,一部分力會透過液體傳遞到管壁,形成額外的液體壓力。而對於血管這樣有彈性的管道,超重或失重可能導致血液在身體不同部位重新分布。例如,在垂直情況下,如果正立,隨著超重增加,血液會從頭部逐漸轉移到下肢,令下肢的血壓升高,而上肢和頭部的血壓降低,導致血液朝與加速度相反的方向分布。正立情況下,正加速度使頭部血液供應急速下降,會導致腦血液供應不足,從而導致飛行員或太空人發生暈厥。這種表現類似於姿勢性低血壓症狀。姿勢性低血壓又叫站立性低血壓,是由於姿勢的改變(如從平臥突然轉為直立),或長時間站立發生的腦供血不足引起的低血壓。由於太空人在火箭發射過程中採取特殊的姿勢,而飛行員受各種因素限制無法採用類似的姿勢,因此太空人耐受實際超重的能力可大大提高。一般的飛行員如果可以耐受 10 倍重力的超重,那就是菁英級的了。

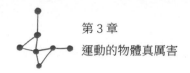

牛刀小試

電梯下降的時候，體重計的數字會有怎樣的變化呢？請說出你的分析過程。

第 4 章

優美的曲線運動

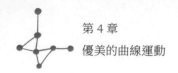
第 1 節

物體為什麼會偏離原來的運動方向？

生活物理

在遊樂場中，我們乘坐雲霄飛車繞著軌道呼嘯而過，體驗其中的驚險與刺激；騎著旋轉木馬繞著中間軸旋轉跳動，感受不一樣的溫馨；坐上遊園小火車環繞園區一圈，欣賞園區的美景；坐上高大的摩天輪，一覽整個城市的美麗景色……我們盡情享受著遊樂場的歡樂。你知道，為什麼我們可以繞著不同的物體，沿著不同的方向進行運動嗎？

科學實驗：

丟擲去的木棒沿著曲線運動。我們將一個石塊水平丟擲，最終其會落到地面上。石塊起始的運動方向是水平的，經過一段時間後，運動方向發生了變化。但是，如果我們將石塊垂直往下丟擲，那麼它將會一直沿著垂直向下的方向運動。物體運動方向發生改變的根本原因是什麼呢？

圖 4-2 丟擲去的木棒運動方向

原來如此

　　對於物體運動狀況的解釋離不開牛頓定律。牛頓第一運動定律告訴我們：一切物體在沒有受到力的作用時，會保持靜止狀態或等速直線運動狀態。透過牛頓第一運動定律我們知道，物體不受力時，運動狀態不變。物體的運動狀態包括物體運動速度的大小以及運動的方向。當然，在現實生活中不受力的物體是不存在的。如果物體受到一對大小相等、方向相反的平衡力，運動狀態也會保持不變，而當物體受到的力不能平衡時，它的運動狀態就會發生改變。

　　根據牛頓第二運動定律我們知道，當物體受力時，在力的方向上具有一個加速度。加速度反映了速度的變化量。當加速度和速度的方向相同時，物體會做加速運動，如垂直向下扔的物體；當加速度和速度的方向相反時，物體會做減速運動，如垂直上拋的物體；當加速度與運動方向不在同一條直線時，物體的運動就會轉彎，並且彎向加速度的這一側，

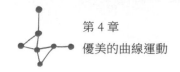
如水平丟擲的物體重力加速度向下，物體在飛行過程中逐漸向下轉彎。

我們丟擲的石塊或木棒做曲線運動並最終落地。這是因為我們丟擲物體的初速度沿著水平方向，而物體在空中所受重力方向垂直向下，這就使物體有一個向下的加速度，所以物體在水平方向的速度大小不變，而在垂直方向的速度變大，導致速度方向發生偏轉。而我們垂直上拋或者下拋的物體，由於重力方向和運動方向在同一條直線上，速度方向不發生偏轉。

物體做直線運動還是曲線運動是由物體的速度方向與外力方向是否在同一條直線上所決定的。我們可以把物體的速度看成兩個方向運動速度的合成。物體也可能會受多個力的共同作用。我們可以根據物體運動合速度的方向與合力方向是否在同一條直線上進行判斷。西元 2012 年 10 月 14 日，奧地利的鮑姆加特納（Felix Baumgartner）從 39,000m 高空跳傘，並成功落地。在跳傘過程中，由於受到風力的影響，跳傘者將同時做垂直降落和水平方向運動，兩個方向的運動同時發生又互相獨立，跳傘者做曲線運動。如果風只沿著水平方向，則將只影響跳傘者的水平速度，降落的時間將保持不變。

思維拓展

重力彈弓

　　在太空飛行器中用到了一種神奇的曲線運動，得到了驚人的加速效果。在一部科幻電影中，人類建造了一萬臺驅使地球前進的行星發動機。啟動轉向發動機驅使地球停止自轉，利用木星的重力彈弓效應進行加速，逃離太陽系，進入目標星系。這裡的重力彈弓效應是什麼呢？

　　假設宇宙飛船要飛出太陽系，我們可以選擇沿著遠離太陽的方向發射。經過計算知道，要想離開太陽系，必須達到第三宇宙速度 16.7km/s。由於飛船在遠離太陽時受到太陽引力的拖曳，速度會減小。如果讓飛船保持較大速度飛行，則必須攜帶足夠多的燃料。然而隨著攜帶燃料的增多，飛船負荷急遽增大。蘇聯科學家尤里・孔德拉秋克（Yuri Kondratyuk）在西元 1918 年發表了一篇論文。論文中提出了重力彈弓的方法，即利用其他天體的重力場對航天器加速或減速。例如：有一個宇宙飛船掠過木星，並沿著弧線飛出去，如圖 4-4 所示。我們站在木星上看宇宙飛船，飛船飛向木星的速度為 v_0，飛出木星的速度依然為 v_0，大小不變。實際上木星是在繞著太陽公轉的，速度為 v_1。因此我們站在太陽上觀察木星時，飛船飛向木星的速度為

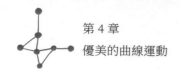
v 入，飛離木星的速度為 v 出。以太陽為參考系，飛船飛離
木星時的速度大於飛向木星時的速度，飛船增速最大可以達
到木星速度的兩倍。利用重力彈弓的方法可以節約大量能源
並在較短的時間實現加速。在西元 1970 年代，太陽系為我
們提供了一次百年一遇的機會，木星、土星、天王星、海王
星四顆氣態星球幾乎位於太陽同一側，發射的探測器可以利
用四顆行星的重力彈弓效應進行加速，還可以同時探測四顆
行星，將探測時間由 30 年縮短到 12 年。美國太空總署於西
元 1977 年發射的旅行者一號是迄今飛離地球最遠的人造探
測器。

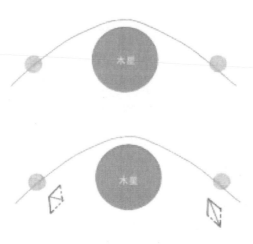

圖 4-4 重力彈弓示意圖

生活中的科學

中國古代力學智慧

在中國古代，人們對力和運動就有了一定的認識。在春秋戰國時期成書的《考工記》中有這樣的記載：「馬力既竭，輈猶能一取焉。」意思是，馬已經停止用力，車還能向前繼續運動一段距離。古人已經注意到慣性這一現象，馬車不受拉力也能向前運動。戰國時期《墨經・經上》對力進行了描述：「力，形之所以奮也。」說明力可以改變物體的運動狀態。

牛刀小試

以不同的速度水平丟擲小球，小球分別沿著不同的曲線軌跡運動，分別測量它們的落地時間並進行比較。

第 2 節

怎麼贏得鉛球和標槍比賽？

生活物理

　　鉛球和標槍是體育比賽中較常見的兩種曲線運動。鉛球運動起源於西元 1340 年代歐洲砲兵玩的推砲彈遊戲。西元 1896 年和 1948 年，男、女鉛球運動分別被列入奧運會比賽項目。西元 1908 年和 1932 年，男、女標槍運動被列入奧運會比賽項目。為了將鉛球或者標槍投擲得更遠，需要哪些技巧呢？

　　科學實驗：

　　某科學小組製作了排球投擲器，主要是利用壓縮彈簧的原理將排球投擲出去。透過調節彈簧的壓縮長度就可以控制排球發射的初始速度，還可以調節發射筒的角度。實驗發現，改變彈簧的壓縮長度或者發射筒角度都會影響排球的發射距離。如何才能將排球投擲到最遠距離或者投擲到目標水桶中呢？

原來如此

假如我們以相同大小的初速度將排球發射出去。如果初速度與水平地面的夾角較大，那麼排球將在垂直方向上有一個較大的速度分量，排球就可以在空中執行較長時間。但是此時排球的水平速度分量較小，導致排球執行距離較小。例如在極端情況下，垂直上拋排球，則排球的水平速度分量為 0。雖然排球在空中執行時間最長，但是水平執行距離為 0，排球將落回原地。假如水平丟擲排球，這樣將得到最大的水平速度。此時排球在垂直方向初速度為 0，排球在空中執行時間等於排球從相同高度進行自由落體所用時間。雖然水平方向上分速度最大，但是運動時間較短。

如圖 4-7 所示，假設排球發射筒與目標水桶在同一水平面，排球的初速度為 v_0，忽略空氣阻力。排球斜向上丟擲，與水平面的夾角為 θ，則排球的垂直分速度為 $v_0\sin\theta$，排球在空中飛行時間為 $2v_0\sin\theta/g$。排球在水平方向的初速度為 $v_0\cos\theta$，在水平方向的運動距離 $S = 2v_0^2\sin\theta\cos\theta/g = v_0^2\sin2\theta/g$。當 $\theta = 45°$ 時，S 最大，為 v_0^2/g，藉由調節角度 θ 可以得到不同的投擲距離。

考慮到排球丟擲點和目標點一般並不在同一高度，我們要分析高處拋物路徑。如圖 4-8 所示，在水平方向上的運動距離 S 滿足方程式 $S = v_0t\cos\theta$，在垂直方向上的運動距離 H

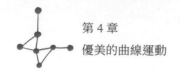
滿足方程式 $H = - v_0 t\sin\theta + 1/2gt^2$。透過計算就可以得到丟擲距離 S 最大時夾角 θ 所滿足的條件。

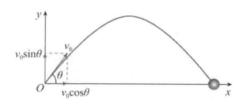

圖 4-7 同一水平面拋物路徑分析

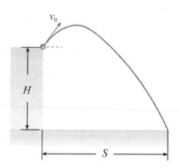

圖 4-8 高處拋物路徑分析

$$\theta = \arcsin\frac{v_0}{\sqrt{2v_0^2 + 2gH}}$$

從公式中可以看到，S 最大時，θ < 45°。如果排球落點高度差較小，丟擲速度較大，$2v_0^2 > 2gH$，則 θ ≈ 45°時，S 最大。如果落點高度差很大，θ ≈ 0°，只需要平拋就可以了。

在籃球比賽的時候，籃框位於一個更高的高度，那麼此時，兩個方程式便成了 $S = v_0 t \cos\theta$, $H = v_0 t \sin\theta - 1/2gt^2$。由計算就可以得到 S 最大時 θ 所滿足的條件，為

$$\theta = \arcsin \frac{v_0}{\sqrt{2v_0^2 - 2gH}}$$

從公式中可以看到，S 最大時，θ > 45°。如果籃球運動員很高，那麼不需要太大的角度就可以投出較遠的距離。經過計算就可以得到籃球丟擲的最大距離 S，為

$$S = \frac{v_0}{g} \sqrt{2v_0^2 - 2gH}$$

籃球運動員身高越高，H 越小，在相同條件下，能投出更遠的距離。因此，在不考慮技術的情況下，身高較高的籃球運動員在比賽中具有天生的優勢。這樣我們就知道為什麼籃球運動員普遍較高了。當然，為了彌補身高的不足，可以在速度、命中率、跑步速度等方面進行提高，一樣可以贏得比賽。

思維拓展

如何贏得體育比賽

利用剛剛對拋體運動情況的分析可以助力我們贏得體育比賽。在體育比賽項目中，鉛球、標槍、排球、鐵餅、籃

球、鏈球等都屬於拋體運動。在鉛球比賽時，丟擲鉛球的方向應該略小於 45°，運動員可以根據自己的身高算出適合自己的最佳速度方向。而在標槍比賽中，助跑速度在相當程度上決定了標槍的初速度，因此運動員需要在跑出最快速度的同時，調整標槍丟擲的角度。在鏈球比賽中，運動員鬆手時，球沿著切線方向丟擲，所以運動員轉動鏈球所在的平面和脫手的位置尤為重要。在實際比賽中，當物體運動速度較快或者存在自轉等情況時，空氣阻力等的影響將不可忽視。我們可以利用程式設計等工具對其進行計算得到運動軌跡。例如，在打乒乓球時發出旋轉球，由於馬格努斯效應（Magnus Effect），球的運動軌跡變得更複雜，使得對手更難判斷球的方向，助力贏得比賽。關於這方面的知識將在下一節進一步分析。

生活中的科學

投石器

　　中國古代的投石器（也稱為「砲」）就是拋體在軍事上的典型應用。《范蠡兵法》中記載：「飛石，重十二斤，為機發，行三百步。」根據文獻推斷，投石器的出現不晚於漢朝。《後漢書·袁紹劉表列傳》中記載：「紹為高櫓，起土山，射營中，營中皆蒙楯而行。操乃發石車擊紹樓，皆破，

軍中呼日『霹靂車』。」從中看到，投石器在東漢末年已經大量裝備，且加裝車輪，加強了其機動性。北宋時期成書的《武經總要》中詳細記載了單梢砲和砲車的製造方法。到南宋時期，投石器的製作和戰術使用達到了一個新的高峰，投石器不但能投石彈，還能投火藥彈。西元 1161 年，發生在膠州灣的宋金水戰，李寶依靠霹靂砲帶領宋朝水軍以 3,000 人和 120 艘戰艦擊沉並繳獲完顏鄭家帶領的戰艦 600 艘，殲滅敵軍 50,000 人。

牛刀小試

1. 嘗試設計製作一個小型投石工具，進行遠處目標投擲。思考如何才能使其更準確地命中目標。
2. 我們投擲的籃球的運動軌跡還可能和哪些因素有關？嘗試用電腦程式設計的方法驗證你的設想。

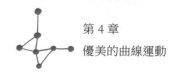

第 3 節

你會踢「香蕉球」嗎？

生活物理

　　你有沒有想像過自己馳騁在世界盃賽場上，足球可以按照自己的意念繞過對手，畫個美麗的弧線直奔球門？聽起來好像是天方夜譚，足球怎麼會自己轉彎呢，畢竟足球不會思考，又沒有安裝發動機。但是，西元 1997 年 6 月 3 日，在法國里昂舉行的比賽中，就出現了這樣一個詭異的進球。當時是東道主法國隊對陣巴西隊，在第 21 分鐘，巴西隊獲得直接自由球機會，其後衛卡洛斯（Roberto Carlos）一記漂亮的曲球石破天驚，成為足球史上最漂亮的直接自由球破門之一。這個當時被稱為世界足球史上最詭異進球的曲球，在即將向右偏轉出界的一剎那，突然向左傾斜進入球門，守門員甚至沒來得及做出任何反應，在球門前呆住了。足球在射門過程中的行進路徑是沿著一條彎曲的弧線，就像香蕉一樣，故被稱為「香蕉球」。足球為什麼會走曲線射門呢？這其中包含

了哪些物理學原理呢？

科學實驗：

準備兩張白紙，平行舉起，向兩張紙中間吹氣，可以看到紙向中間靠近。在一個錐形玻璃漏斗裡放置一個乒乓球，當將漏斗倒置向下吹氣時，乒乓球並沒有被吹下去，反而牢牢「吸」在漏斗裡。將一枚硬幣放在桌面上，嘴對著硬幣上方吹氣，硬幣會跳起來。

為什麼會發生上述現象呢？

原來如此

下面，我們來揭開這神祕的面紗。「香蕉球」的形成主要歸功於兩個方面，一是球被空氣包裹著，而空氣是流體；二是球在旋轉。這背後的物理原理為：流體在流動過程中產生的壓力大小是會變化的。流體速度越大的位置，壓力越小。

先看幾個簡單的例子體會一下。在「科學實驗」中，兩張白紙之所以向中間靠攏，是因為向中間吹氣時，空氣流動速度變大，進而導致白紙之間的大氣壓力變小，兩張白紙「吸」在了一起。向漏斗中吹氣時，在乒乓球上方形成氣流，使得乒乓球上方的空氣流速增大，氣壓減小，從而伸乒乓球下方的氣壓大於上方的氣壓，將乒乓球托了起來。同樣的，硬幣之所以能夠跳起來，也是由於硬幣上方空氣流速增

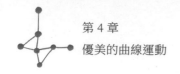
大。足球在射門時，氣壓又經歷了哪些過程呢？

　　足球運動員將球踢出，球沿著逆時針方向旋轉。足球在旋轉過程中，好像一個旋轉的傳送帶，會帶動足球周圍的空氣與球沿著相同方向旋轉，在足球周圍形成一個環繞氣流。足球被踢出去時，相對於空氣向球門運動，而站在足球上看，相當於空氣向足球吹了過來。假設足球周圍的環繞氣流速度為 v_0，空氣相對於足球的平動速度為 v。足球左側的空氣流動速度與環繞氣流的運動方向相同，疊加速度為 $v + v_0$。相應的，足球右側的空氣流動速度與環繞氣流的運動方向相反，疊加速度為 $v - v_0$。足球在射門時既有轉動，又有平動。由於足球左側的空氣流速大於右側，因此左側的氣壓小於右側的，這樣足球在水平方向上受到的合力方向向左，在射門過程中將沿著曲線方向前進，形成「香蕉球」。我們知道，拋物線運動的軌跡由初速度和加速度大小共同決定。與此類比，「香蕉球」的運動弧線形狀會受足球初速度以及轉動速度等因素共同影響。

思維拓展

白努利原理（Bernoulli's law）

　　丹尼爾・白努利（Daniel Bernoulli）是數學物理方法的奠基人，流體力學之父。丹尼爾觀察到生活中一個不起眼的

現象：開啟水龍頭後，水流的直徑比水龍頭的出口直徑小。丹尼爾認為這是因為水流產生的壓力小於周圍空氣的壓力，所以流出水龍頭後水柱的直徑變小。丹尼爾做了大量的實驗後驗證了自己的猜想，結果顯示：水流動時，產生的壓力比靜止時小，水的流速越大，壓力越小。這個結論套用到氣體中也是成立的，這就是著名的白努利原理。

1. 白努利方程式發展趣事。

西元 1738 年，丹尼爾在《流體動力學》（*Hydrodynamica*）一書中給出了白努利原理的等價數學式 —— 白努利方程式。丹尼爾在彼得堡科學院工作時的助手歐拉（Leonhard Paul Euler）自作主張，將淺顯直白的白努利方程式更新為微分形式，讓其看起來更高階。柯西（Augustin Louis Cauchy）也為了展現自己在數學家族的存在感，提升白努利方程式的格調，將白努利方程式更新為更複雜的方程式。法國物理學家納維（Claude-Louis-Marie-Henri Navier）和英國數學家斯托克斯（George Gabriel Stokes）在此基礎上合力推出納維 - 斯托克斯方程式。從此，科學家們望著這個流體力學方程式認真思考了 155 年。這個非線性偏微分方程式的求解非常困難，就連方程式的推導者納維和斯托克斯也無可奈何。此方程式在三維空間的光滑解被美國克雷數學研究所設定為七個千禧年大獎難題之一。在電腦問世及迅速發展以後，該方程式的解答才取得較大進展。如果你對這個方程式感興趣，請查閱相關材料進一步探究吧。

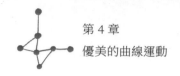

2. 掌握白努利原理，踢出「落葉球」與「電梯球」不是夢。

如今，我們在看足球比賽時，已經不僅僅會看到「香蕉球」射門，還會看到「落葉球」與「電梯球」。「落葉球」在靠近球門時會突然下沉，就像一片枯葉從樹上落下，進入球門。「落葉球」與「香蕉球」類似，依靠的原理都是白努利原理，足球在運動過程中都發生了旋轉。不同的是，「香蕉球」的旋轉是水平方向的旋轉，而「落葉球」的旋轉方向是垂直的。「落葉球」中，足球下部旋轉氣流方向和氣體流動方向一致，使得足球下方的空氣流速大，壓力小。首次踢出「落葉球」的是巴西球員瓦德迪爾‧佩雷拉（Valdir Pereira），世界上著名的「落葉球專家」有義大利足球運動員德梅特里奧‧阿爾貝蒂尼（Demetrio Albertini）、安德列‧皮爾洛（Andrea Pirlo）和巴西的儒尼尼奧‧佩南布卡諾（Juninho Pernambucano）。

「電梯球」與前兩種球的最大差別在於沒有發生旋轉。「電梯球」在射門時，球速非常快，而足球受到空氣阻力的大小與速度的平方成正比，因此「電梯球」在射門過程中，由於受到重力和阻力的共同作用，在靠近球門時，就像急遽下降的電梯，接近垂直射門。

3. 應用白努利原理趨利避害。

白努利原理不僅僅在足球運動場上大放異彩，在我們生活中也處處發揮著不同的作用，有的是對我們有利的，有的卻是我們需要避免的。飛機之所以能夠在天空中飛行，是因為利用了飛機機翼上方空氣流速大、壓力小的原理。草原犬鼠建造的「空調房」，實現了地下洞穴的通風。相應地，利用這一原理，我們透過對地下隧道結構形狀的特殊設計實現隧道的自然通風，節約能源。日常所見的噴霧器的工作原理也是白努利原理。

西元 1912 年秋天，「奧林匹克號」輪船在大海上航行，一艘比它小得多的鐵甲巡洋艦「豪克號」看到這艘巨輪就追了上來，想與它並駕齊驅。結果在相距 100m 的地方並列行駛時，「豪克號」突然撞向「奧林匹克號」。這場重大海上事故讓警察也摸不著頭緒。不懂物理學的法庭更是判決「奧林匹克號」存在過失，使其蒙受冤屈。這案件的罪魁禍首實際上就是流體力學中的白努利原理。並排行駛的艦艇中間海水的流速較大，使得水的壓力減小。由於海水壓力的差異，會將艦艇推向中間相撞，發生安全事故。

我們在月臺上時，需要與正在進站的列車保持安全距離。這是因為正在進站的列車會帶動兩側的空氣高速流動。

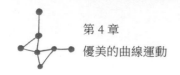

空氣流動時，氣壓減小。如果我們距離月臺太近，人前側的空氣流速大、壓力小，人後側的空氣流速小、壓力大，這樣會將人推向列車，發生危險。貿然下水到湍急的河流中也是非常危險的，這是因為河水受到河岸的阻力作用，導致水流速度在岸邊較小，在河流中間較大，使得河流中間水的壓力較小，水的壓力差會將人推向河中間的危險區域，使人難以上岸。

　　流體力學在航空等領域也發揮了巨大的作用。流體在不同運動速度下會表現出差異較大的力學性質。例如飛機在接近音速時會發生強烈振盪，形成音爆，威脅飛行安全。

牛刀小試

1. 取一張紙牌，對折紙牌長邊，使得摺疊後的紙牌形成 90° 的彎折角度。將彎折後的紙牌凹面向下放在桌面上，在紙牌下方吹氣，你能將紙牌吹翻嗎？將紙牌放在電子體重計上重新實驗，觀察電子體重計的數字有什麼變化。影響電子體重計數字變化的因素有哪些呢？快來嘗試證明你的猜想吧。

2. 你能在撞球中打出曲球嗎？請查閱相關資料並試一試吧。

3. 請嘗試畫出「香蕉球」、「落葉球」以及「電梯球」的
　 受力分析示意圖,並分析影響「落葉球」運動軌跡的因
　 素有哪些。

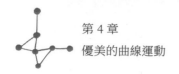
第 4 節

急轉彎的路面為什麼是傾斜的？

生活物理

從流體壓力中感受了旋轉物體的奇妙之處後，讓我們來感受一下物體轉彎時的科學魅力吧。你有沒有發現，城鎮之間的公路，在遇到車道轉彎時，路面總是向內傾斜的。如果你騎的是腳踏三輪車，有時候還怕翻車。實際上不僅在公路轉彎處，鐵路軌道在轉彎時也是這樣的傾斜結構。列車為什麼不怕翻車呢，難道其中有什麼魔力？

科學實驗：

我們來進行這樣一個實驗：拿一根約 1m 長的繩子，一端繫上裝水的小桶，一端緊握在手中，接著快速甩繩子。你會驚奇地發現，小桶在最高點時，雖然桶口是倒置的，但是水卻絲毫沒有灑出來。難道桶中的水由於速度太快「忘記」下落了嗎？當然，這並不是什麼魔術，讓我們一起來看看其中蘊含的科學道理吧。

原來如此

我們現在想像有一個小球在繞著 O 點等速轉動，小球運動的速度為 v。根據牛頓第一運動定律，一切物體在沒有受到力的作用時，總保持靜止狀態或等速直線運動狀態。物體運動狀態包括速度大小和方向，小球運動的速度大小雖然沒有變，但是運動方向卻一直在改變。是什麼力改變了小球的運動方向呢？

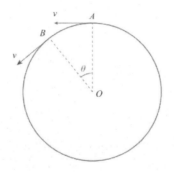

圖 4-15 圓周運動速度的改變

之前我們提到過力和物體運動方向相同時，物體做加速運動；力和物體運動方向相反時，物體做減速運動。如果力的方向和物體運動方向不在同一條直線上，此時物體就不能再沿著原來的方向運動了，會發生轉彎。我們知道力是可以分解的，力的方向和物體運動方向不在同一條直線上的時候，可以將力分解為沿著運動方向和垂直於運動方向的兩個

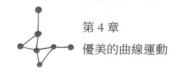
分力。沿著運動方向的分力會讓物體加速或者減速，垂直於運動方向的分力會讓物體轉彎。如果是等速的圓周運動，那麼只有垂直於運動方向上的力就可以了。我們稱這個力為向心力，它的方向指向圓心。向心力是從作用效果上來講的，並不是對物體新增加了一個力，而是其他的某些力充當了向心力這個角色。

讓我們回顧剛剛進行的水桶實驗。水跟著水桶在轉動的過程中，也在做著圓周運動。在最高點時，水在垂直方向受到了水桶施加的向下的壓力和垂直向下的重力。水桶施加的向下的壓力和水受到的重力共同充當了向心力這個角色。正是在這些力的作用下，水改變了運動方向，繞著圓心轉動。這樣我們轉動水桶時，水便不會灑出來了。

同樣分析可知，在公路急轉彎時，如果汽車的速度較快，需要較大的向心力才能改變汽車的運動方向。如果路面是水平的，那麼需要由汽車輪胎與地面的摩擦力來扮演向心力的角色。如果摩擦力不夠大，不足以提供向心力，那麼汽車就會向外側滑，發生危險。急轉彎路面的傾斜設計使得斜向上的支撐力可以分擔一部分向心力，使得車輛行駛更安全。騎腳踏三輪車急轉彎時有側翻的感覺，是由於速度不夠大，需要給腳踏三輪車提供的向心力太小了。鐵路軌道急轉彎時的傾斜設計也是為了使列車行駛更安全。

思維拓展

向心力對生活的影響

根據我們前面的分析知道，所有轉動的物體都需要有力來提供向心力，這樣才能保證在轉動過程中改變速度方向。例如我們在遊樂場玩的旋轉木馬、摩天輪等。常見的石拱橋也應用了這個原理。石拱橋之所以被修建成凸起來的拱形而不是凹下去的形狀，是由於車輛在橋上運動的過程中，車輛所受重力會分出一部分來提供向心力，使車輛對拱橋的壓力變小，從而延長橋的使用壽命。而如果建成凹形的，將會使橋面承受的壓力增加。

我們在學習重力加速度時知道，g 值隨著緯度的減小而減小。這是由於在靠近赤道的地方，地球自轉產生的線速度較大，地球對物體的引力有更多部分提供了向心力，導致 g 值減小。一般情況下，赤道附近的物體受到的重力要比南北極小 0.5% 左右。嗯 —— 你是不是想到了一個減肥的辦法？原來去赤道體重可以變輕呀。

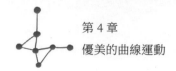

牛刀小試

1. 盪鞦韆時,在什麼位置時繩索最容易發生斷裂?

2. 如何設計一個太空飛行器,可實現太空中的人造重力呢?說一下你的想法吧,也許太空中的太空人也能實現游泳自由了呢。

第 5 節

「焦慮」的巴黎大砲

生活物理

　　前面我們在利用牛頓運動定律分析問題時，需要選取慣性參考系，即參考系沒有加速度。但是在某些場景中，所選參考系並不能當成慣性參考系，那麼物體在運動過程中會有哪些不一樣的地方呢？在第一次世界大戰的法國戰場上，德軍為了攻擊巴黎而製造了超遠端大砲，被稱為巴黎大砲。大砲的砲管長度為 36m，相當於 12 層樓的高度，砲彈射程可以達到 130km，高度 42km。但是在大砲使用初期，砲彈落點總是偏向預定目標右側。後來經過工程師對砲的矯正後才避免這一情況。為什麼會出現這種現象呢？

　　科學實驗：

　　現在我們來做一個實驗：有一個靜止的圓盤，在圓盤中間站立一個人。圓盤中間的人向圓盤邊緣扔一個小球，小球將很容易命中目標。小球運動路線在圓盤上的陰影形成的軌

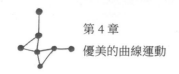
跡是一條直線。因為小球在水平方向上是不受力的，所以小球在水平方向上的速度大小和方向都保持不變。現在我們讓圓盤轉動起來，仍然重複上面的實驗，會發現小球落在圓盤上的位置會發生變化。這種情況我們仍然容易理解，畢竟圓盤在轉動。假設我們選取轉動的圓盤為參考系，那麼小球在圓盤上的陰影形成的軌跡是一條曲線。小球在空中時只受到向下的重力，並沒有受到水平方向的力。以圓盤為參考系統，小球在水平方向運動狀態發生變化的原因是什麼呢？

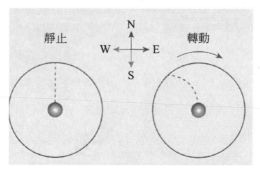

圖 4-17 從圓盤中間向正北方向丟擲的小球

原來如此

我們可以選取任何物體當作參考系，然後分析其他物體的運動狀態。如果我們選取的參考系處於靜止或等速直線運動狀態，沒有加速度，那麼這種參考系稱為慣性參考系。選取不同的慣性參考系時，對物體的受力分析沒有什麼不同。

例如：不管選取靜止的跑道還是選取等速直線運動的列車為參考系，籃球的運動都可以直接用牛頓運動定律來分析和判斷。試想，在路邊放一個籃球，有一列車從遠處加速向籃球靠近。以靜止的道路為參考系，籃球受到重力和支撐力，處於靜止狀態。再以加速靠近的列車為參考系，列車上的乘客看到籃球在水平方向是加速靠近過來的。明明籃球在水平方向上不受力，為什麼籃球會加速靠近呢？

在這種情況下，沒辦法用牛頓運動定律來分析。如果還想用牛頓運動規律來分析，我們必須向籃球疊加一個力，稱為慣性力。我們繼續考慮前面提到的轉盤，如果轉盤沿順時針方向旋轉，在轉盤上的人看來，小球落到了目標方向的左側，就好像小球受到了一個往左的力而方向發生偏轉，這個假想的力就是科里奧利力（Coriolis Force）。我們向小球疊加科里奧利力後，在轉動參考系下仍然可以按照牛頓運動規律分析物體的運動狀態。如圖所示，從圓盤中心水平丟擲的小球質量為 m，初速度為 v，圓盤順時針等速轉動，角速度是 ω。在這種情況下科里奧利力 $F = 2m \cdot v \cdot \omega$。

前面提到的巴黎大砲使用初期砲彈落點偏右，是因為德國位於巴黎的北方，地球自西向東轉動，以轉動的地球為參考系，在科里奧利力的作用下，砲彈落在預定目標右側。那你知道工程師是如何矯正大砲方向的嗎？

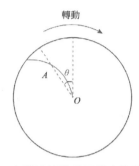

圖 4-18 在等速轉動的圓盤中物體的運動

思維拓展

河岸、颱風、風帶與科里奧利力

　　由於地球的自轉，流動的河流也會受到科里奧利力的影響。在北半球，河流的右側岸邊受到沖刷程度要比左側更嚴重一些。這也導致很多河岸右側比較陡峭，適合建設碼頭，更利於發展航運，有利於城市貿易的發展。而在南半球則相反，左側的河岸會受到更嚴重的沖刷。這是由於我們從北極的上空俯視地球，地球就好像一個逆時針轉動的圓盤，而從南極上空俯視地球，地球則是順時針旋轉的。

　　颱風是一種熱帶低壓氣旋，中間的低壓中心導致的壓力差驅使空氣從周圍流向低壓中心。而由於科里奧利力的存在，在北半球，空氣在向低壓中心流動過程中又向右側偏轉，形成逆時針方向的渦旋。而在南半球形成的颱風則是沿

著順時針方向轉動。南北半球颱風旋轉方向不同，是不是颱風無法跨過赤道的原因呢？

我們從地球氣壓帶和風帶圖上可以看到，位於北半球的東風帶、西風帶、信風帶的風向並不是直接由高氣壓帶指向低氣壓帶，而是向右有所偏轉，而位於南半球的風向偏轉方向是向左。這也是由風在運動過程中受科里奧利力的影響造成的。

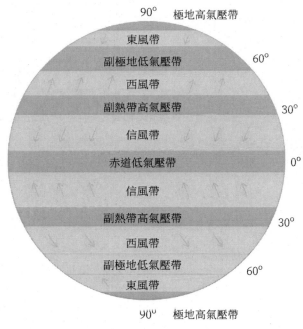

圖 4-20 地球氣壓帶和風帶示意圖

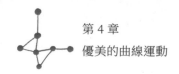
生活中的科學

傅科擺

　　在一天文館的舊館中安裝了一個巨型的單擺 —— 傅科擺。傅科擺是用一根長約 10m 的鋼絲將一個 100kg 的鉛球懸掛起來。這個單擺在擺動過程中，除了受重力和鋼絲拉力外，不受其他力的作用。單擺在擺動過程中會發生偏移，說明其受到了地球自轉的影響。緯度越低，轉動一週所需的時間越長。

牛刀小試

　　兩個人分別坐在一個橫向安裝的木板兩端，木板可以繞著中心在水平面轉動。兩人互相拋球，對方能接到嗎？如何才能使接到球的次數更多？改變木板的轉動方向，再試一試吧。

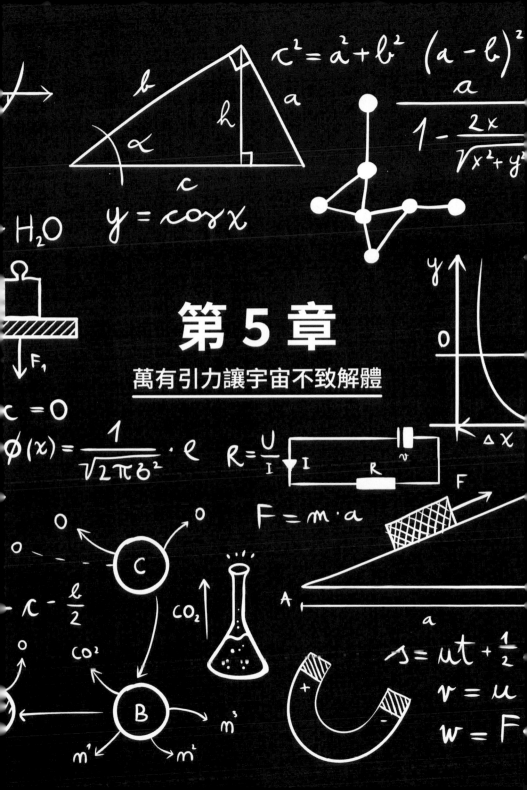

第 5 章

萬有引力讓宇宙不致解體

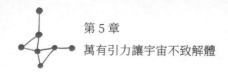
第 1 節

宇宙的中心在哪裡？

生活物理

　　如果是晴天，那麼太陽就會從東邊升起，在西邊落下；月亮也如此，每月十五的晚上，我們總能看到一輪滿月掛在天上。人們就根據身邊每天發生的最簡單的天文現象，著手建構宇宙的圖景。古希臘學者亞里斯多德認為地球是不動的，太陽、月亮、行星和恆星都以圓周軌道圍繞地球公轉。他相信，某些神祕的原因使地球成為宇宙的中心。當然，現在我們知道這個認識是片面的，地球並不是宇宙的中心，在浩瀚星空中，它甚至算不上典型的一顆星球，它只不過是浩瀚星海的一個小點。實際上，沒有哪個星球、恆星或者星系能夠算作典型，因為宇宙的大部分空間是空的。在星空中，真正典型的是廣袤、寒冷的真空，那裡很荒涼，處於永夜。與之相比，行星、恆星和星系顯得稀缺而美麗。如果我們被隨機拋入宇宙某處，那麼落在行星或者附近的機率小於

$1/10^{33}$，可見星球多麼稀少，但我們人類是多麼幸運，因為我們生活在這顆蔚藍色的星球上。

那麼，宇宙的圖景到底是怎樣的？人類對宇宙的認識經歷了一個怎樣的歷程呢？讓我們追隨科學家的足跡一起去探尋吧！

科學探索

地球是圓的

眾所周知，我們居住的地球是圓的。但是，在科學技術還很落後的遠古時代，人們是如何認識這一點的呢？

早在西元前 350 年，在《論天》（*On the Heavens*）一書中，對於地球是一個圓球而不是一塊平板的觀念，亞里斯多德就提出了這樣的論證：從月食現象中觀察到，地球在月亮上的影子總是圓的，這種情況只有在地球本身為球狀的前提下才成立。如果地球是一塊平坦的圓盤，那麼除非月食總是發生在太陽正好位於這個圓盤中心的正下方的時刻，否則地球的影子就會被拉長而成為橢圓形。

科學實驗：

如圖所示，在暗室中用點光源照射不透明圓球和圓板，觀察牆壁上影子的形狀。改變不同角度照射圓球和圓板，影子的形狀有無變化？

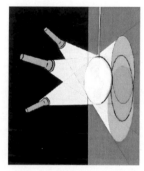

圖 5-1 從不同方向照射的光的影子

原來如此

我們站在海邊眺望一望無垠的大海，漸漸地一面船帆的一角映入我們的眼簾，它慢慢地露出全貌，顯示出整個船身。這是為什麼呢？早在古希臘時期人們就認為這可以為地球是圓的提供佐證。他們這樣思考：如果地球表面是平的，那麼，我們應該從一開始就看到整個船身；只有地球表面呈圓弧狀，才能很好地解釋：為什麼從地平線方向駛來的船總是先露出船帆，然後才露出船身。

1. 地心說

地球是宇宙的中心，而圓周運動是最完美的。西元 2 世紀，這個思想被希臘人托勒密（Claudius Ptolemy）精製成一套完整的宇宙學模型。在托勒密建構的宇宙體系中，地球處

於正中心，月球、太陽以及水星、金星、火星、木星和土星
等繞著地球運轉。當然，為了解釋行星的「逆行」，他不得
不在這些行星軌道的大圓上再加上一些小週轉圓；為了解釋
月亮有時看起來大，有時看起來小，還不得不假定月亮的執
行軌道是變化的，有時離地球近，有時離地球遠。儘管托勒
密體系並不完美，而且錯誤很多，但是值得強調的是，在托
勒密之前或之後的 1,400 年內，沒有其他關於宇宙結構的理
論在解釋和預言方面達到與托勒密體系接近的程度。

圖 5-3 托勒密的宇宙學模型

也就是說，托勒密建立的宇宙模型雖然在今天看來是完
全錯的，但是它對於解釋行星逆行具有巨大貢獻。

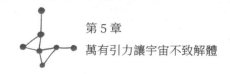
2. 日心說

接下來該哥白尼出場了。在西元 16 世紀，哥白尼提出太陽是宇宙的中心，即日心說。哥白尼體系跟托勒密體系在很多方面其實是相似的，最大的不同是地球和太陽的位置對調了。哥白尼認為所有恆星與宇宙中心的距離都是相等的，也都鑲嵌在所謂的恆星球面上。與在托勒密體系中一樣，這個恆星球面就是宇宙最遠的邊界。哥白尼描述的宇宙比托勒密的大，哥白尼體系中也運用了週轉圓、均輪和偏心圓。哥白尼和托勒密生活的年代相差了近 1,400 年，其間出現了很多新的天文學觀察結果，已有的一些觀察結果得到了修正，還出現了幾個新的但錯誤的觀察結果。總結而言，哥白尼所得到的數據和托勒密得到的數據是非常相似的，而且哥白尼也必須尊重正圓事實和等速運動的事實，這依然禁錮著他，這一觀點的打破我們等等再談。

哥白尼模型擺脫了托勒密的天球模型以及宇宙存在著自然邊界的觀念的影響。由於恆星之間的相對位置幾乎固定不變，只存在它們整體由於地球圍繞地軸自轉而引起的穿越整個天穹的視運動，我們很自然地聯想到，不動星是和太陽類似的天體，只是較太陽離我們遠得多。

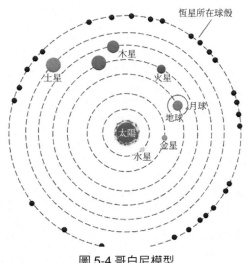

圖 5-4 哥白尼模型

3. 宇宙沒有中心

　　當人們具備了一些基本的物理學知識後，可能會認為日心說與地心說相比，似乎只不過是參考系的改變。其實，這是一次真正的科學革命，因為它使人們的自然觀和世界觀發生了重大變革。首先，它認為地球是不斷運動的天體，打破了古代那種認為天體和地球截然不同的觀點。其次，它破除了絕對運動的概念。引入了運動相對性的概念。更為重要的是，宇宙中心的可轉移最終引發宇宙根本就沒有中心的觀念，即使封閉，但彎曲的宇宙也可以沒有中心。

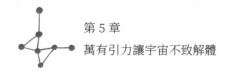
　　義大利學者布魯諾（Giordano Bruno）超越了哥白尼，把這種無限宇宙的觀念宣揚出來，今天的科學已經確認這種觀念，但當年的布魯諾卻為此被宗教審判燒死在羅馬的鮮花廣場上，為科學付出了生命的代價。

生活上的科學

中國古代的宇宙理論

　　中國是世界上天文觀測最早、最完整的國家。例如：中國古代有一千多次日食和一百多次太陽黑子記錄，其中西元前 776 年的日食和西元前 28 年的太陽黑子記錄是世界上關於日食和太陽黑子的最早記載；西元前 613 年的彗星記錄是世界上對哈雷彗星的最早記錄，西元 1054 年，記載的金牛星座的客星 —— 超新星爆發（現代天文學中蟹狀星雲是它的遺跡）對現代天文學中超新星爆發的研究有重要參考價值。中國古代關於宇宙結構的學說也創立得較早，在古代，人們出於直觀的感覺對天穹產生一些（朦朧的）概念，隨著生產發展和天文觀測材料的日積月累，人們認識了天體執行的一些規律，並試圖對它們做出理論的概括，產生了關於天和地的關係、宇宙的本原、宇宙的結構和大小、宇宙的演變和發展等種種推測，這就是關於宇宙結構的問題。中國古代關於宇宙結構的學說有許多種，其中最具代表性的是蓋天說、渾天

說、宣夜說三種學說。雖然這些學說用現代的眼光來看顯得很不成熟,它們對自然現象的解釋也很不科學,但從人類認識自然的過程和對現代天文學的發展來看,研究它們是有重大的現實意義和歷史意義的。

牛刀小試

宇宙沒有中心,也就意味著宇宙無邊界。那麼,關於宇宙的起源有哪些觀點呢?你比較認同哪些觀點?請查閱文獻並研究。

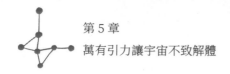

第 2 節

地球的公轉軌道竟然不是圓

生活物理

地球的公轉軌道竟然不是圓,而是橢圓!這是如何被人們認識到的?當然,我們不能在地面參考系直接觀測地球的公轉,但我們可以經由對跟地球一樣的其他行星(如離地球較近的火星)的公轉軌道的觀測來推測地球的公轉軌道。天文觀測史上,科學家們就是這麼做的。

科學探索

1. 第谷 —— 天才觀測家

哥白尼去世三年後,第谷·布拉厄(Tycho Brahe)出生了。第谷是人類歷史上最偉大的、用肉眼觀測天上行星運行軌道的人,而且他留下了非常豐富的手稿。第谷非常熟悉哥白尼體系,而且承認,相對於托勒密體系,哥白尼體系在某些方面更有優勢。與當時大多數天文學家相同,第谷也發

現大多數證據所指向的結果都是地球是靜止的。因此，從現實主義者的角度看，哥白尼體系不可能是宇宙的正確模型。為什麼呢？哥白尼認為地球繞著太陽轉，而所有人認為這個是不可能的，因為大家沒有感覺到地球在轉（其中一個理由是：如果地球在轉，我們會頭暈，會感受到風。沒有風，沒有頭暈，所以這不可能）。於是第谷憑藉自己的能力發展出一個體系，其中既包括哥白尼體系得到認可的優勢，又保留了地球是宇宙中心的觀點，其實是綜合了地心說和日心說的優點。

根據第谷體系，地球是宇宙的中心，恆星球面同樣被定義為宇宙的邊界，月球和太陽繞著地球運轉，但行星圍繞太陽轉動。因為月球和太陽繞著地球轉，所以保證了地球不動。但是那些行星繞著太陽轉，這就解決了前面所說的托勒密體系裡所遇到的複雜的週轉圓、逆行等問題。從數學角度看，第谷體系是等同於哥白尼體系的。基於這一點，第谷體系在預言和解釋我們曾經討論過的經驗資料方面與哥白尼體系是等效的。

在第谷的科學生涯中，真正的貢獻和聲譽在於，他是一位天才的觀測家。在他之前，人們知道的天體位置的精度大約為 10′，第谷把這個不確定性減小到 2′，他精確地確定了 777 顆星體的位置，並修訂了火星的測量資料，直至今天，

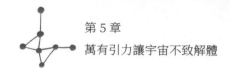

測量資料也僅僅是對他的結果的些微修正。他測量的資料之
精確度在天文學歷史上開創了一個新的時期。

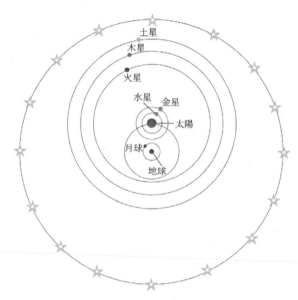

圖 5-5 第谷體系

2. 克卜勒 —— 天才數學家

　　克卜勒是一個數學天才，他宣稱「我要解開蒼天和大自
然的歌喉，以使它們再次歌唱」。西元 1600 年，克卜勒開始
與第谷一起工作。這位善於從理論上思考問題的科學家，為
了完成建構理論宇宙學的追求需要第谷的天文資料；而第谷
為了把自己的資料組織成有用的形式，需要克卜勒的數學天

分，他們走到一起是科學的一大幸事。

但是，18 個月之後第谷去世了。第谷把他所有的觀測結果手稿全都給了克卜勒。克卜勒要利用這些手稿做一件非常了不起的事，就是「讀懂上帝所思」。克卜勒是一個虔誠的教徒，他認為這個世界一定是上帝創造的，但是我們無法精密地解讀上帝是怎麼構造的。因此他在努力地思考上帝到底是怎麼創造這個宇宙的。克卜勒實際上幾乎得到了正確的答案。他最終提出了一個體系，不僅在預言和解釋方面完全準確，而且比任何其他可選體系都簡單得多。除此之外，從現實主義者的角度看，克卜勒體系似乎描述的正是月球和行星運動的模式。克卜勒體系基於日心說。克卜勒對日心說觀點的偏愛部分源於他的學生時代。那時候他的老師是哥白尼體系的一個熱情支持者，與幾乎所有他同時代的人相同，克卜勒最初也堅定地相信正圓事實和等速運動事實。

然而到了西元 17 世紀初期，克卜勒意識到，所有以等速運動為基礎的體系都無法解釋已經觀測到的火星運動。因為那時候火星被觀測到的次數更多了，第谷也為他提供了很多資料，此時他開始研究其他使火星可以在其軌道不同位置上以不同速度運動的體系。不久之後，克卜勒得出結論：所有僅以正圓軌道為基礎的體系都無法解釋已經觀察到的火星運動。因此，他開始探索不同形狀的軌道。最終克卜勒發現，

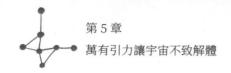
橢圓軌道和行星以變化的速度沿橢圓軌道圍繞太陽運動可以
完美地解釋火星的資料。

思維拓展

克卜勒及其行星定律

克卜勒先後於西元 1609 年和 1619 年發表了行星運動的
三個定律，他因此被稱為「天空的立法者」。

1. 克卜勒第一定律。

克卜勒摒棄了正圓事實和等速運動事實。西元 1609 年，
克卜勒發表了他關於火星運動的模型 —— 火星沿橢圓軌道以
變化的速度運動。不久之後，克卜勒把這個模型拓展到其他
的行星。行星圍繞太陽沿橢圓軌道執行，太陽占據橢圓軌道
兩個焦點之一的位置，這通常被稱為克卜勒第一定律。

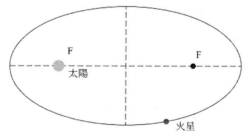

圖 5-6 克卜勒第一定律模型

2. 克卜勒第二定律。

克卜勒還發現了第二定律。如果以行星為起點畫一條直線和太陽連起來，那麼這條直線在相等的時間內掃過的面積相同，這被稱為克卜勒第二定律。克卜勒用這一定律來計算火星運動的速度。計算結果跟觀測到的火星的運轉速度是一樣的。由於行星在其軌道上的某個點處距離太陽更近，因而當行星運行到其軌道的這個部分時，執行速度就會更快，而當它執行到其軌道距離太陽更遠的部分時，執行速度會更慢。換句話說，根據克卜勒第二定律，行星的運動不是等速的，相反，在其軌道的不同階段，行星運行的速度會發生變化。

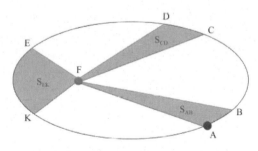

圖 5-7 克卜勒第二定律模型

3. 克卜勒第三定律。

兌卜勒第三定律描述為：行星繞太陽運動軌道的半長軸 a 的立方與行星運動週期 T 的平方成正比。

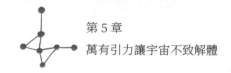

　　克卜勒體系沒有使用週轉圓、均輪等複雜的概念，克卜勒體系中每個行星只有一個橢圓形軌道，僅此而已，無比簡潔，無比美好。這不禁讓我們想起了愛因斯坦說過的一句話：「這個宇宙最可怕的地方，就是它竟然可以被理解。」克卜勒可以用如此簡潔的方式將對宇宙的理解表述出來。現在大家看到這一步一步的進步了嗎？從地心說到日心說，到地心、日心雜合說，再到橢圓形軌道理論。

　　克卜勒定律並非只適用於火星，也適用於地球等其他已知的行星和未知的行星。當發現新的行星（如天王星、海王星、冥王星）時，它們的軌道運動也遵從克卜勒定律。更為重要的是，克卜勒三大定律已經傳達了重大的天機，蘊含著更為簡潔、更為普遍的萬有引力定律。箇中的奧祕，被牛頓破解出來。

生活中的科學

中國古代對天體運動的研究

　　《尚書緯・考靈曜》中記載：「地有四遊，冬至地上行北而西三萬里，夏至地下行南而東三萬里，春秋二分是其中矣，地恆動而人不知，譬如閉舟而行不覺舟之運也。春則星辰西遊，夏則星辰北遊，秋則星辰東遊，冬則星辰南遊。地與星辰四遊，升降於三萬里之中。」

　　《尚書緯‧考靈矅》是誰寫的，如今已無從考究。最早引用這段話的是東漢末年的鄭玄，他在《隋書‧經籍志》中載有「《尚書緯》三卷，鄭玄注」。這說明《尚書緯‧靈矅》肯定是東漢以前的書，而作者在那時就已經明白了，地球在宇宙空間中繞太陽執行產生了四季變化，更是深刻理解了運動的相對性。更令人驚奇的是，西晉《博物志》中記載，這段話出自《河圖》一書。《河圖》是伏羲時代的遠古著作，那時的古人就已經知道地球在運動嗎？秦代法學代表人物李斯在《倉頡篇》中說了一句話：「地日行一度，風輪扶之。」我們能不能理解為地球在宇宙空間中運動，每天行一度呢？由此可見，中國的古人在久遠的時代就觀天象並初步形成了地球公轉的論斷。

牛刀小試

　　利用一條細繩和兩隻圖釘可以畫橢圓。如圖所示，把白紙鋪在木板上，然後釘上圖釘。把細繩的兩端繫在圖釘上，用一支鉛筆緊貼著細繩滑動，使細繩始終保持張緊狀態。鉛筆在紙上畫出的軌跡就是橢圓，圖釘在紙上留下的痕跡是橢圓的焦點。保持繩長不變，當兩焦點不斷靠近時，橢圓形狀如何變化？焦點重合時，半長軸轉變為什麼？

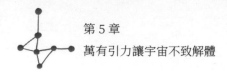
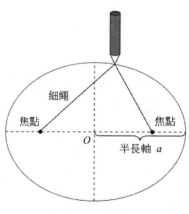

圖 5-8 畫橢圓

第 3 節

地球為什麼會吸引蘋果？

生活物理

牛頓的蘋果

想必大家都聽過牛頓和蘋果的故事吧？英國紀念牛頓的《自然哲學的數學原理》出版 300 週年文集的封面用的就是一個蘋果。相傳一個蘋果下落，砸到了牛頓的頭，引發了他對萬有引力的思考。

這個故事最著名的講述者是法國啟蒙哲學家伏爾泰（Voltaire）。關於牛頓發現萬有引力的經過，伏爾泰寫道：「西元 1666 年，他（牛頓）退隱到劍橋附近的鄉下，有一天在自己的花園裡散步，看到有水果從樹上掉下來，便陷入了對重力的沉思……使重物墜落的力量是一樣的，不管是在地下多深處，也不管是在多高的山上，都不會有明顯的減小，為什麼這力量不會一直延伸到月球上呢？如果這力量真的一直深入月球，從表面上看，難道不正是它使月球保持在其軌道上嗎？」

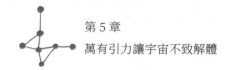
　　伏爾泰所寫的故事來自牛頓的外甥女凱薩琳‧康迪特 —— 牛頓同母異父的妹妹漢娜‧斯密思之女。凱薩琳的丈夫約翰‧康迪特曾有意撰寫一部牛頓的傳記，很早就開始注意記錄牛頓與其他人的談話，並在牛頓逝世後收集了其他人對他的回憶。我們現在讀到的牛頓軼事大多來自他們當時收集的資料。

　　有人曾對牛頓和蘋果的故事質疑，其實蘋果有沒有真的砸到牛頓的頭上並不重要，重要的是牛頓確實由蘋果的落地開始了對萬有引力的思考。牛頓的同鄉威廉‧斯圖凱利證實了這一點。斯圖凱利說：「他（牛頓）告訴我，在過去，正是在相同的情景下，重力的概念進入他的頭腦。這是由一個蘋果落地引起的，而當時他正坐著沉思默想。他思量，為什麼蘋果總是垂直地摔在地上，為什麼它不斜著跑或者向上跑，而總是跑向地球的中心呢？」的確，原因是地球吸引蘋果。在物質中必定有吸引力存在，地球的吸引力總和一定指向地球的中心，而不指向地球的任何一側，所以蘋果會垂直地向地球中心下落。如果物質之間如此吸引，吸引力一定與物質的量成比例。因此，蘋果吸引地球，和地球吸引蘋果一樣，存在一種力量，像我們所說的重力，它透過宇宙延伸自己。

原來如此

萬有引力及其發現

克卜勒定律被發現之後，人們開始更深入地思考：是什麼使行星繞太陽運動？歷史上科學家的探索之路充滿艱辛。伽利略、克卜勒及笛卡兒都提出過自己的解釋。

牛頓時代的科學家，如虎克（Robert Hooke）和哈雷等對此做出了重要的貢獻。虎克等人認為：行星繞太陽運動是因為受到了太陽對它的引力，甚至證明了如果行星的軌道是圓形的，那麼它所受引力的大小跟行星到太陽距離的二次方成反比。但是由於關於運動和力的清晰概念是由牛頓建立的，當時還沒有這些概念，因此他們無法深入研究。牛頓在前人對慣性研究的基礎上，開始思考「物體怎樣才會不沿直線運動」這一問題。他的回答是：以任何方式改變速度（包括改變速度的方向）都需要力。這就是說，使行星沿圓或橢圓運動，需要指向圓心或橢圓焦點的力，這個力應該就是太陽對行星的引力。於是，牛頓利用他的運動定律把行星的向心加速度與太陽對它的引力連繫起來了。

行星繞太陽的運動可以視為等速圓周運動。行星做等速圓周運動時，受到一個指向圓心（太陽）的引力，正是這個引力提供了向心力，由牛頓運動定律和克卜勒定律可推知，太陽與行星間的引力與行星的質量 m 成正比，與行星到太陽

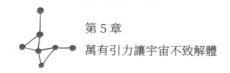
的距離的平方成反比,即 $F \propto \dfrac{m}{r^2}$。我們知道,力的作用是相互的。太陽吸引行星,行星也同樣吸引太陽,也就是說,在引力的存在與性質上,行星和太陽的地位完全相當,因此,行星與太陽的引力也應與太陽的質量 M 成正比,即 $F \propto \dfrac{m}{r^2}$。太陽與行星間引力的方向沿著二者的連線的方向。

思維拓展

遵從相同規律的引力

地球繞太陽運動,月球繞地球運動,它們之間的作用力是同一種性質的力嗎?這種力與地球對樹上蘋果的吸引力也是同一種性質的力嗎?牛頓進行了月球試驗。假設地球與月球間的作用力和太陽與行星間的作用力是同一種力,它們的表示式也應該滿足萬有引力,可提供向心力。根據牛頓第二運動定律,月球繞地球做圓周運動的向心加速度 $a_月 \propto \dfrac{1}{r^2}$(式中 r 是地球中心與月球中心的距離)。進一度 $a_蘋 \propto \dfrac{1}{R^2}$(式中 R 是地球中心與蘋果間的距離,可近似看作地球直徑)。由以上兩式可得 $\dfrac{a_月}{a_蘋} = \dfrac{R^2}{r^2}$。由於月球中心與地球中心的距離 r 約為地球半徑 R 的 60 倍,所以 $a_月$ 約為 $a_蘋$ 的 1/3,600。

在牛頓生活的時代,人們已經能夠比較精確地測定自由落體加速度,也能夠比較精確地測定月球與地球的距離、月球公轉的週期,從而能夠算出月球運動的向心加速度,且計

算結果與預期相符。這表明，地面物體所受地球的引力、月球所受地球的引力，以及太陽、行星間的引力，真的遵從相同的規律！

生活中的科學

第二代牛頓蘋果樹

牛頓家鄉的蘋果樹被移植到世界各地的許多著名學術機構。西元 2007 年春，伍爾斯索普莊園將「牛頓蘋果樹」的枝條捐贈給天津大學，並由英國國家信託基金會的代表簽署了相關檔案，以證明天津大學的牛頓蘋果樹的真實身分。

牛刀小試

已知自由落體加速度 g 為 $9.8\mathrm{m/s^2}$，月球中心距離地球中心的距離為 $3.8 \times 10^8 \mathrm{m}$，月球公轉週期為 27.3d，約 $2.36 \times 10^6 \mathrm{s}$。根據這些資料，能否驗證前面的假設？

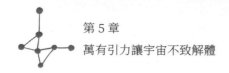
第 4 節

跑多快可以溜出太陽系？

生活物理

「航海家」出太陽系了嗎？

西元 2013 年，中原標準時間 9 月 13 日 2 時，美國國家太空總署（NASA）在官網宣布：美國航海家 1 號（Voyager 1）正式成為第一個進入星際空間的人造物體。「航海家」專案首席科學家斯通（Edward Carroll Stone）說：「航海家 1 號已經離開太陽風層，在宇宙海洋各恆星間遨遊。」這個飛行了 36 年的空間探測器距離太陽大約為 1.9×10^{10}km 至西元 2013 年 9 月 9 日，航海家 1 號距太陽約 126 個天文單位（1 個天文單位為太陽與地球的平均距離，約 1.5×10^{8}km）。其實，新的資料顯示，航海家 1 號已於 2012 年進入了星際空間。雖然它仍受太陽引力的影響，但美國權威專家認為進入星際空間是歷史性飛躍，其意義堪比麥哲倫（Ferdinand Magellan）第一次環球航行或阿姆斯壯（Neil Alden Armstrong）首次登月。

那麼，跑多快可以溜出太陽系呢？讓我們從逃離地球的引力開始討論這個話題。

在 100 年前，送人去太空還是天方夜譚。現在，經常會有火箭帶著衛星或者其他探測器飛上太空，人們早就習以為常了。那把人類幾千年的飛天夢想變成現實，誰功不可沒呢？猜想很多人會不約而同地想到牛頓 —— 世界上最偉大的科學家之一。牛頓不僅在力學方面做出了開天闢地的貢獻，在數學、光學等領域也做出了極為重要的貢獻。人們通常把非常厲害的人「神化」，當成神一樣供奉，對待牛頓也不例外。他的墓碑上就刻著這樣的字：「自然和自然的規律隱藏在茫茫黑夜之中。上帝說，讓牛頓降生吧。於是，一片光明。」由於人們對牛頓的敬仰無處存放，乾脆就把「牛頓」這個名字變成了力學單位。

原來如此

宇宙速度

要飛上太空，首先要擺脫地球引力。牛頓提出：要擺脫地球引力，物體至少要達到「環繞速度」，即第一宇宙速度。這個速度也是太空飛行器發射的最小速度。

在西元 1687 年出版的《自然哲學的數學原理》中，牛頓設想：把物體從高山上水平丟擲，速度一次比一次大，落

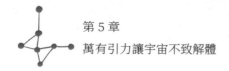
地點也就一次比一次遠；丟擲速度足夠大時，物體就不會落回地面，而成為人造衛星。你知道這個速度究竟有多大嗎？

我們可以從運動和受力分析入手，用萬有引力定律和牛頓第二運動定律求解。物體在地球附近繞地球運動時，太陽的作用可以忽略。在簡化之後，物體只受到指向地心的引力作用，物體繞地球的運動可視作等速圓周運動。地球對衛星的引力提供其繞地球運動所需的向心力。地球引力像一根無形的繩子，牽引著月球和人造衛星環繞地球轉動。在地面附近發射飛行器，理論上來講，如果速度達到 7.9km/s，飛行器就可以圍繞地球做圓周運動而不落回，這一速度即地球的第一宇宙速度，它是最小發射速度，也是衛星環繞地球執行的最大環繞速度。

速度等於 7.9km/s 時，飛行器只能圍繞地球做圓周運動，還不能脫離地球引力的束縛，飛離地球實現星際航行。理論研究指出，在地面附近發射飛行器，如果速度大於 7.9km/s，又小於 11.2km/s，則飛行器繞地球執行的軌跡就不是圓，而是橢圓。當飛行器的速度等於或大於 11.2km/s 時，它就會克服地球的引力，永遠離開地球，或者說地球的引力束縛不了它了。我們把 11.2km/s 叫做第二宇宙速度。達到第二宇宙速度的飛行器還無法克服太陽對它的引力。在地面附近發射飛行器，如果要使其掙脫太陽引力的束縛，飛到

太陽系外，速度必須等於或大於 16.7km/s，這個速度叫做第三宇宙速度。

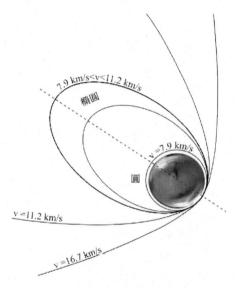

圖 5-11 三個宇宙速度示意圖

思維拓展

人造衛星

　　雖然牛頓早就預言了人造衛星，但是因發射需達到很大的速度，這對於人類是一個巨大的挑戰。直到多節火箭研製成功，才為人造衛星的發射創造了條件。西元 1957 年 10 月 4 日，世界上第一顆人造衛星發射成功。自首顆人造衛星發

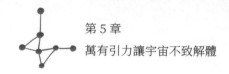

射後，人類已經發射了數千顆人造衛星，目前在軌有效運行的衛星有上千顆，其中的通訊、導航、氣象等衛星極大地改變了人類的生活。

地球同步衛星位於赤道上方約 36,000km 處，因相對地面靜止，也稱靜止衛星。地球同步衛星與地球以相同的角速度轉動，週期與地球自轉週期相同。

牛刀小試

老師曾在授課中分享了一個奇妙的現象：每天都能看到 16 次日出。請嘗試解釋。

第 5 節

我們為什麼要去火星？

生活物理

最近 20 多年以來，幾乎每一個發射窗口都有火星探測器發射，多個國家計劃實施火星探測任務。首先解釋一下「發射窗口」。它是指發射運載火箭的一個比較合適的時間範圍（即允許運載火箭發射的時間範圍）。這個範圍的大小亦叫做發射窗口的寬度。窗口寬度有寬有窄，寬的以小時計，甚至以天計算，窄的只有幾十秒，甚至為零。發射窗口是根據太空飛行器本身的要求及外部多種限制條件，經綜合分析計算後確定的。由於太陽、地球和其他星體的相對位置在不斷變化，即使發射同一類型、同一軌道的太空飛行器，其發射窗口也是不固定的。明白了這個道理，就能理解為什麼太空飛行器的發射有時在早晨，有時在傍晚，有時在白天，有時在夜裡。

那麼，人們為什麼對火星情有獨鍾？

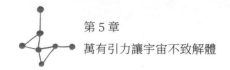
　　火星一直是人類走出地月系統開展深空探測的首選目標。首先是由於相較於其他行星，火星距離地球較近。從地球飛到火星需要 6 至 10 個月，而到木星則需要飛行 7 年，到水星也需要花費數年時間。其次是太陽系共有八大行星，火星的自然條件與地球最為類似。從工程實踐來看，火星探測相對於其他的行星探測也更容易實現。以往的探測發現了火星上存在水的證據，火星上是否存在孕育生命的條件以及火星是地球的過去還是地球的未來，成為火星研究的重大科學問題。研究火星對認識地球演變具有非常重要的比較意義。

科學探索

1. 人類對火星的認識

　　火星是距離太陽第四近的行星，也是太陽系中僅次於水星的第二小的行星，為太陽系裡四顆類地行星之一。歐洲古稱火星為「馬爾斯」，即古羅馬神話中的「戰神」，也稱其為「紅色星球」。古漢語中則因為它熒熒如火，位置和亮度時常變動而稱它為熒惑。其外表為橘紅色是因為地表被赤鐵礦（氧化鐵）覆蓋。火星的直徑約為地球直徑的一半，自轉軸傾角和自轉週期則與地球相近，但公轉週期是地球的兩倍。火星大氣以二氧化碳為主（占 95.3%），既稀薄又寒冷，地表遍布撞擊坑、峽谷、沙丘和礫石，沒有穩定的液態水。其

南半球是古老、充滿撞擊坑的高地，北半球則是較年輕的低地平原。火星上最大的火山為奧林帕斯山，最大的峽谷為水手號峽谷。火星有兩個天然衛星：火衛一和火衛二，其形狀不規則，可能是火星捕獲的小行星。在火星觀察到類似地下水湧出的現象，南極冰冠有部分退縮，雷達顯示兩極和中緯度地表下存在大量的水冰。

2. 人類去火星面臨的難題

　　火星探測工程的最大特點是距離遠、環境新。首先，火星離地球最遠 $4×10^8$ km，從地面上發送一項指令，探測器要在 23min 後才能執行，這就給我們的測量、控制帶來了新的難題。第二個挑戰是環境新。太空飛行器設計的邏輯是先了解要去的環境，然後透過各種技術、手段、措施來保障太空飛行器適應環境，但深空探測的特點是要去一個尚不確知的環境。儘管我們已成功實現月球的軟降落，但火星和月球的環境截然不同，給探測器的設計帶來很大難度。火星探測的關鍵環節非常多，發射段、捕獲段、兩器分離、降落過程中的氣動減速等，每一個環節都面臨各種挑戰。其中最為關鍵和核心之處就是探測器進入火星大氣後的降落過程。由於地球與火星距離遙遠，整個過程無法由地面即時控制，必須依靠探測器自主完成。這一過程被人們形容為「黑色七分鐘」。降落器進入火星大氣層的速度高達 18,000km／h。超

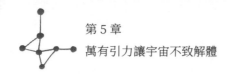
高速摩擦將會產生高溫，經歷了上千攝氏度高溫的考驗後，
降落傘將幫助火星車進行減速。隨後，火星車將開啟全自動
駕駛模式，自主完成減速、懸停，避開火星表面的複雜地形
後，緩緩降落至火星表面。

牛刀小試

如果未來人類登陸火星，就要將它改造為宜居星球，請
查閱資料，試論述人類登陸火星的可能與面臨的挑戰。

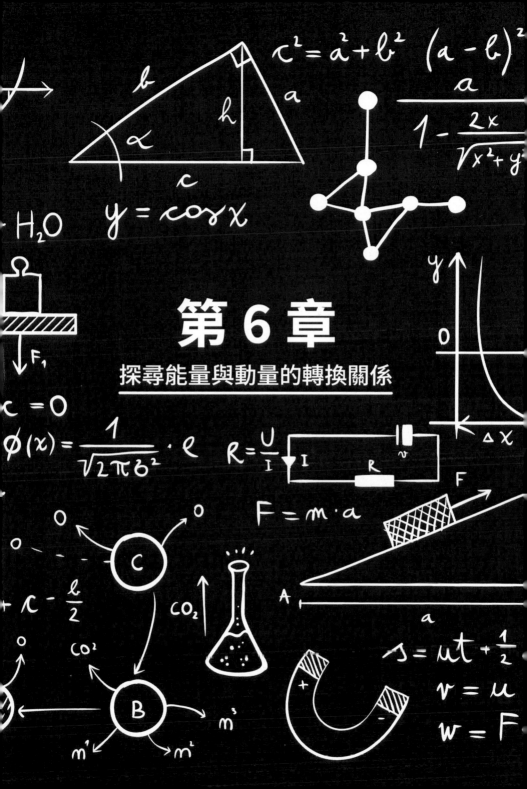

第 6 章

探尋能量與動量的轉換關係

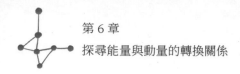

第 1 節

為什麼沒有永動機？

生活物理

　　始於西元 1760 年代的工業革命以機器取代人力，以大規模化工業生產取代了個體手工生產，提高了社會生產效率。利用機器裝置可以在短時間內創造巨大的社會財富，也為工廠帶來了豐厚的利潤。機器裝置工作的時候需要消耗大量的煤炭、燃油、電力等能源。如果有一種機器，可以不消耗燃料或能源，便可以源源不斷地對外做功來生產物品，那就可以大幅壓縮成本，創造巨大財富。早在西元 13 世紀，人們就開始嘗試研究這樣的機器，但都以失敗告終。西元 1775 年，法國科學院宣布拒絕審理永動機設計方案。西元 1990 年，美國法院判定專利部門不再接收任何永動機專利申請。永動機的設計花費了大量的人力、物力等社會資源，造成巨大的社會浪費。為什麼永動機是不可能實現的呢？

科學探索

在 18 世紀初期，一些科學發現使人們開始意識到，能量之間是可以進行轉換的。例如：伏特（Alessandro Giuseppe Antonio Anastasio Volta）電池的發明使人們認識到化學能可以轉換為電能；電流的磁效應和電磁感應現象證明了電能和磁能之間是可以互相轉換的。那麼不同能量之間的轉換有什麼規律呢？

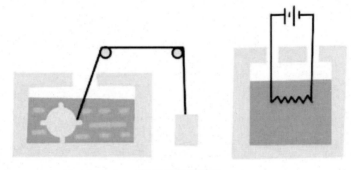

圖 6-2 焦耳實驗

做功是系統和外界傳遞能量的一種方式。在不考慮熱傳遞的情況下，做功的多少與系統能量的變化有什麼關係呢？英國物理學家焦耳（James Prescott Joule）做了一個著名的實驗。圖中左部分，密閉隔熱的容器中裝有水和可轉動的葉片，葉片用細線和重物連線。重物在下落的過程中帶動葉片攪動水，使水溫升高。把水和葉片看成一個整體，其溫度的

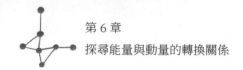
升高完全是由重物下落做功形成的。圖中右部分，在隔熱容器中裝入水和電阻器，電流讓水溫升高。將水和電阻器看成一個整體，其溫度的升高是由電流做功形成的。焦耳經過 20 多年的研究發現，把水升高相同的溫度，不管使用何種方法或過程，所需的功是固定的。在絕熱過程中，系統能量的變化量等於對系統做功的大小。如果在這個過程中系統吸收了熱量，那麼系統能量的變化量等於對系統做功的大小加上吸收熱量的大小，在這個過程中能量是守恆的。

西元 1840 年，德國醫生、物理學家邁爾（Julius Robert von Mayer）在爪哇為病人放血看病時發現，病人的靜脈血非常紅，這種生理現象啟發他思考其中的道理。人的體溫是血液和氧結合的結果，在熱帶地區，氣溫較高，不需要消耗太多氧就可以維持人的正常體溫，因此血液比較紅。隨後他陸續發表論文，具體論述了力學能、熱能、化學能、電磁能、光和輻射能之間可以相互轉換的普遍規律。

焦耳經由大量嚴格的精確定量實驗測量並證明了能量守恆原理，而邁爾是從哲學思辨的角度對能量守恆的概念進行了解釋闡述。德國生理學家、物理學家亥姆霍茲（Hermann Ludwig Ferdinand von Helmholtz）在邁爾和焦耳工作的基礎上，第一次以數學的方式認證了能量守恆和轉化規律。

思維拓展

微中子的發現與能量守恆

根據能量守恆原理，科學家發現了新的粒子 —— 微中子。西元 1896 年，貝克勒（Antoine Henri Becquerel）發現天然放射性；西元 1898 年，劍橋大學科學家拉塞福（Ernest Rutherford）深入研究了鈾元素發出的射線，發現了 α 射線（氦原子核）和 β 射線（電子流）；西元 1900 年，維拉德（P. Villard）又發現了鈾射線中的 γ 射線（高能光子流）。在發生 β 衰變的過程中，原子核中的一個中子會轉變成一個質子和一個電子。經過測量發現，β 衰變產生的電子能量不是確定的，有一部分能量丟失了。科學家為了解釋 β 衰變中能量丟失的原因，在羅馬召開了國際核物埋會議。會上，包立（Wolfgang Ernst Pauli）提出 β 衰變過程中還產生了一種質量小的中性粒子，正是這種小質量粒子將能量帶走了。包立提到的這個「偷走」能量的微小粒子就是微中子。後來，科學家經過探測先後發現電子微中子、μ 子微中子、τ 微中子，自然界中的三種微中子被全部找到。

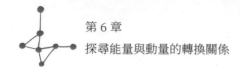
生活中的科學

王國維與《勢力不滅論》

中國近代學者王國維在文學、美學、史學、哲學、古文字學、考古學等方面成就卓著，是甲骨四堂之一。他翻譯了第一部介紹西方知識的著作 ——《勢力不滅論》，這是將能量守恆定律介紹到中國的最早的一部科學譯著。這本譯著的出現對中國物理學的研究和近代科學的發展都有重要作用。西元 1900 年 6 月，譯著完成後收錄在「科學叢書」中，並於西元 1902 年刊行。在翻譯過程中，王國維捨棄了原著專科業晦澀的學術語言及公式推導，用通俗的語言、貼近生活的例子及實驗現象描述了何謂能量守恆。

在書中，他指出：「不役於一切之自然力也，而唯藉機械之自己，以供給動力於無窮，如是之器，古今所未嘗有也。」以及「由純粹機械力之用，斷不能造自動不息之機械。」而其中的「自動不息之機械」，就是我們所說的永動機，這告訴我們永動機是不可能製成的。然後又介紹了力學能和功之間存在著定量關係：「試以當前之水碓觀之，其最初之勢力現於降水，其次現於升椎，第三則現於降椎之活力。」以及「當椎質再升達最高之點也，其所表之尺磅之數，必與未降之前所得之尺磅之數相同，而決不稍大。由是觀之，活力者，能生同量之操作，如其所得之，故活力與操

作之量相等也。」利用水可以做功的例子對能量守恆進行了通俗的描述與解釋，說明了能量不會消失，也不會憑空產生，只能進行轉換且總量不變。

近代中國，大量的西方著作及理論傳入，但是多透過西方人口述、華人筆述等方式產生中文譯本。《勢力不滅論》中文譯本的發行是近代中國獨立翻譯西方科學文獻的開端，具有劃時代的歷史意義。

牛刀小試

1. 用喝一瓶可樂攝取的能量克服自身重力做功，需要爬多少層樓？請查閱資料並計算。

2. 思考「早餐要吃飽吃好，午餐的油脂量要高，晚餐宜清淡」中的智慧。

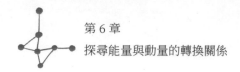
第 2 節

高空墜落物的危害

生活物理

我們知道了能量轉換過程中的基本規律 —— 能量守恆定律，那能量轉換是如何實現的呢？讓我們從物體的下落過程談起。

科學實驗：

準備一個裝滿鬆軟沙土的盒子，以及三個體積相同的塑膠球、鋁球和銅球。我們知道銅球的質量最大，塑膠球的質量最小。讓這三個小球從同一高度自由落下，可以看到沙土被砸出了不同深度的小坑。塑膠球砸出的深度最淺，而銅球砸出的深度最深。我們換用三個質量相等的鋁球做實驗，將它們放在不同的高度後鬆手，小球自由落下。可以發現，相同質量的小球，下落高度越高，在沙土上砸出的坑越深，如圖所示。

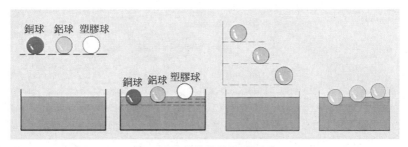

圖 6-5 重力位能的影響因素

原來如此

　　物體能夠對外做功，我們就說物體具有能量。物體由於處於一定高度所具有的能量叫做重力位能。從前面的實驗我們看到，在同一高度落下的小球，質量越大，砸出的坑越深，說明其具有的重力位能越大。相同質量的小球，所處的高度越高，可以砸出的坑越深，說明提升物體的高度可以增加物體的重力位能。一枚小小的雞蛋從高空落下就可以把人砸傷甚至造成死亡，正是由於其高度太高，具有的重力位能太大造成的。試想一下，如果桌上放置的鉛球和雞蛋必然會有一個滾落砸到自己的腳上，你更願意被哪個砸呢？

　　物體重力位能的變化正是透過重力做功來實現的。當我們把一個物體從地面開始舉高時，物體重力做負功，或者說我們克服物體重力做功，此時物體的重力位能增加。物體下降時，物體重力對外做功，物體的重力位能減少。物體重力

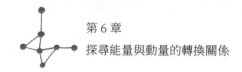
勢能的增加或減少與重力做功的正負有關。做功反映了物體能量的變化，重力做功的量正是重力位能變化量的量度。

如果將小球放在地面上，那麼它還有重力位能嗎？你可能認為沒有，因為物體已經在最低的位置了。但是，如果在小球旁邊挖一個深坑，小球依然可以下落並對外做功。為了描述方便，我們可以假定水平地面所處的位置重力位能為0，如果物體處在水平面以上，它具有正的重力位能，如果物體處於水平面下，則它的重力位能為負，這樣就可以方便地描述了。

思維拓展

滑滑板為何比走路省力

從能量角度可以很方便地對物體運動狀況進行分析。人在長時間走路時會感到比較累，但是如果利用滑板車走過相同的路程，會輕鬆很多。在相同的運動距離下，為什麼走路更費力呢？原來我們在走路過程中，重心的高度並不是固定不變的，而會隨著走路的高低起伏不斷變化。這樣我們在走路時要克服重力做功，因此會額外付出較多的能量。

我們在很多地方都用到了物體的重力位能。例如：現在建築工地上使用的打樁機就是利用了重錘的重力位能；修建的水電站藉由提高水位、增大蓄水量來增加水的重力位能，

可以用來發更多的電。中國古代發明了春米對，它是利用腳踩或者水流的方法將槓桿一端壓下，另一端的物體提升一定的高度後落下進行春米。古代在城池防守中，將磚石運送到城牆上，透過扔下滾石等方式擊退來犯的敵人，也正是利用了石塊的重力位能。當然，有時候重力位能也會為我們帶來危險，例如高空墜落物，冰雹、隕石撞擊等都會為我們的生活帶來危害甚至災難。

牛刀小試

1. 有人認為物體墜落造成傷害是由於物體速度過快而動能過大，因此高處的物體具有的能量應該包括動能，請分析其中的問題。

2. 有這樣一個有趣的錐體上滾實驗：將圓錐體放在支架較矮的一端，圓錐體會自己滾到另一端。請嘗試做一個錐體上滾的模型並解釋其中的原理。

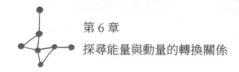
第 3 節

弓箭中的智慧

生活物理

物體在重力作用下可以加速下落，重力位能轉換為動能。拉滿弓的箭在弓箭手鬆手後可以快速射出。在古代，人們利用弓箭狩獵。戰爭中，弓箭手往往作為軍隊的先鋒進行擊敵，既能打擊敵人，又能帶動己方的士氣，發揮了舉足輕重的作用。在《三國演義》中，名將呂布以其精湛的箭法平息了一場戰爭。而在現代體育運動中，也有弓箭比賽。那麼，是什麼力量讓箭射出去的呢？

科學實驗：

將一塊紙箱硬紙板剪成矩形，然後將長邊對折，在短邊上剪出兩個凹槽。在卡口的位置綁上橡皮筋，如果橡皮筋較長，可以多纏繞幾次。將卡片按住展開在桌面上，突然鬆手，觀察卡片的變化。可以看到，卡片完成了一次「鯉魚打挺」，是不是很酷？

原來如此

　　物體受力後可以發生形變，分為塑性形變和彈性形變。物體發生形變後不能自動地恢復到原來的形狀，稱為塑性形變。物體受力後發生形變，撤去外力後又恢復到原來的形狀，稱為彈性形變。物體發生彈性形變後，有恢復原來形狀的趨勢，因此產生一個與彈性形變方向相反的力，稱為彈力。拉力、支撐力、壓力都屬於彈力。拉伸的橡皮筋會產生一個收縮的彈力，人站在彈跳床上，彈跳床會朝人施加一個向上的彈力。物體發生彈性形變後，在恢復原來形狀的過程中，可以對外做功，我們說物體具有彈性位能。對於同一種材料，物體發生彈性形變的程度越大，產生的彈力越大，具有的彈性位能也越大。物體彈性位能的變化是依靠彈力做功來實現的。我們將一個彈簧拉開，拉伸的方向與彈簧產生彈力的方向相反，克服彈力做功，此時彈簧的彈性位能增加。彈簧在恢復形狀的過程中，收縮方向與彈簧產生彈力的方向相同，彈力對外做功，彈簧的彈性位能減少。

　　弓的製作一般會選取韌性較好的材料做弓身，強度較好的材料做弦。在拉弓的過程中，弓身發生彈性形變，具有彈性位能。鬆手之後，弓身恢復原來的形狀，對外做功，使得箭射出去，弓的彈性位能轉化為箭的動能。為了使箭在射出時速度較大，射程更遠，拉弓時應盡量用力將弓拉為滿弓。

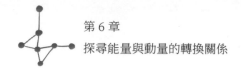
在前面的實驗中，橡皮筋的彈性位能轉化為卡片的動能，所以卡片跳了起來。嘗試將橡皮筋多纏繞幾次，看看卡片彈起的高度有什麼不同。增加裁剪卡片的長度，再次重複前面的實驗，有什麼發現？在理想情況下，如果我們剪出的卡片絕對對稱，那麼卡片彈起來的運動方向應該是垂直的，但是實際上由於並不能保證兩邊完全相同，因此卡片在彈起來的時候有水平的運動速度。

思維拓展

弓箭手悖論

我們在看電視時經常看到弓箭手將箭頭瞄準目標，射出箭，直中紅心，但是這在實際的弓箭使用過程中是較難實現的。將箭頭瞄準目標射擊，可能會打偏；看上去會射偏卻命中目標。這種現象被稱為弓箭手悖論。利用傳統弓箭射箭時，箭並不是沿著直線直達目標，而是左右搖擺前進飛向目標。這是因為箭在射出時，與弦和手指產生摩擦，像「游」了出去。箭在飛行振動過程中，有兩個點是不振動的，稱為箭的波節。波節的位置受箭的質量分布、彈性及弓的張弓拉力、拉距的影響。在瞄準時將兩個波節的連線瞄準靶心，會更容易射中目標。

圖 6-10 弓箭擺動前進

生活中的科學

射箭 —— 中國六藝之一

　　《周禮》記載：「養國子以道，乃教之六藝：一曰五禮，二曰六樂，三曰五射，四曰五馭，五曰六書，六曰九數。」自周朝開始，禮、樂、射、御、書、數就成為教育體系六藝。據《戰國策・趙策二》記載：「今吾將胡服騎射以教百姓。」戰國時期的趙國國君趙武靈王為了國家的強大教習百姓騎射。《冬官考工記第六・弓人》中詳細記載了弓的製作材料：「弓人為弓，取六材必以其時，六材既聚，巧者和之。幹也者，以為遠也；角也者，以為疾也；筋也者，以為深也；膠也者，以為和也；絲也者，以為固也；漆也者，以為受霜露也。」《戰國策・西周策》記載：「楚有養由基者，善射，去柳葉者百步而射之，百發百中。」《三國志・蜀書・諸葛亮傳》注引《魏氏春秋》曰：「亮作八務、七戒、六恐、五懼，皆有條章，以訓厲臣子。又損益連弩，謂之元戎，以鐵為矢，矢長八寸，一弩十矢俱發。」明代成書的《天工開

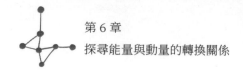
物》也對弓箭的製作過程有著詳細的介紹。從各種史書及影視作品中可以看到，中國古代就對弓箭極其重視，弓箭在冷兵器時代發揮了重要作用。

牛刀小試

1. 嘗試拆解一個回力車玩具，觀察其是如何活動的。

2. 你知道現在一些影視作品中對弓箭有哪些誤解嗎？例如，一次搭兩支箭威力會更大嗎？說說你的看法。

第 4 節

通羅馬的條條大路有區別嗎？

生活物理

重力做功可以改變物體重力位能的大小，那這個過程中的能量變化與路徑是否有關呢？讓我們先一起來看這樣一個生活場景。某送貨公司的劉師傅接到了一個訂單 —— 張先生需要將家具店的書桌送到某社區。劉師傅有幾種選擇：路線一，選擇兩地之間的最短路線進行送貨，路程最短：路線二，選擇走高速公路，路程較長，但是開車速度比較快；路線三，選擇其他路線，路程不是最短的，速度也不是最快的，但是劉師傅可以順路將另一張桌子送給其他客戶。對於張先生而言，只要當天收到書桌即可，師傅選擇哪條路線，並不會影響最終的結果。但是對於劉師傅而言，選擇不同的路線效果是不同的。有的路線路程短，但是塞車，耗時長，耗油多；有的路線路程較長，但是速度較快，用時可能縮短；還有的路線可以完成更多的送貨任務。我們在學習物體

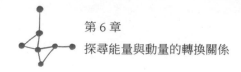
做功的過程中，也有一些類似的現象。

科學實驗：

一個質量為 m 的小球從高度 h 處自由落下，這個過程中重力做功為 W ＝ mgh。現在我們讓相同的小球從不同的斜面 A、B、C 自由滾下，如圖所示。已知斜面的垂直高度仍然為 h，那麼小球沿不同斜面滾下，重力做功的大小有什麼樣的關係呢？

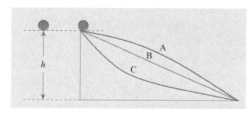

圖 6-12 沿不同路徑運動的小球

原來如此

小球沿不同斜面滾下，重力做功都是 W，與小球經過的路徑沒有關係。在慣性參考系中，一個力對物體做功與物體的初始位置和終止位置有關，與其通過的路徑無關，我們稱這樣的力為保守力。如果一個物體沿著一個封閉路徑繞行一圈，那麼此時保守力做的功為零。位能沒有轉換為其他形式的能量。當物體的相對位置確定以後，它們之間的位能差也是固定值。保守力與位能的變化具有緊密的關係。除了重

力,萬有引力、電場力、彈力等都是保守力。而像摩擦力這樣,其做功與路徑有關,稱為非保守力。例如:滑動的木塊在運動過程中會有熱量產生,使溫度升高。無論向哪個方向運動,摩擦力做功都會導致相同的結果 —— 將力學能轉換為內能。我們不可能透過改變摩擦的方向而回收之前產生的熱量,這個過程是不可逆的。

我們以地面為參考系,選定在地面的物體重力位能為零,則地面為零位能面。用垂直向上的拉力將地面上的物體等速緩慢提升一定的高度,則此過程中拉力所做的功為拉力與提升高度的乘積。物體等速提升過程中,垂直向上的拉力與物體所受重力大小相等。拉力對物體做功,物體重力位能增加,物體重力位能的增量等於拉力對物體做的功。這樣我們選取地面為零位能面,物體在高度 h 的位置具有的重力位能為 mgh。

重力是由於地球的吸引導致的,起源於地球的引力,但是重力的大小並不等於引力大小,而是略小於地球引力大小。地面上的物體跟著地球一起轉動,地球對物體的萬有引力一部分提供了向心力,另一部分就是重力。地球表面上物體與地球之間的萬有引力大小與物體和地球的質量有關。物體距離地球越遠,引力越小。我們選取無窮遠處的重力位能為零,那麼萬有引力將物體從無窮遠處拉到與地球距離為 r

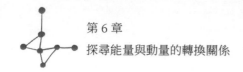
的位置時引力所做的功為 GMm/r，其中 M 為地球質量，m
為物體質量，G 為常數。引力對外做功，重力位能減少。因
此，在選取無窮遠處的重力位能為零的情況下，物體的重力
位能可以表示為－ GMm/r。

　　除了重力和引力，彈力所對應的位能為彈性位能，電場
力所對應的位能是電位能，分子力對應的位能是分子位能。
原子核周圍的電子圍繞著原子核轉動，月球和衛星繞著地球
轉動，行星繞著太陽轉動，在這些穩定系統中，都是保守力
系統。

　　保守力並不是一成不變的，一個真實的力在某個參考系
下是保守力，但是在其他參考系下可能是保守力，也可能是
非保守力。

牛刀小試

　　你所知道的保守力和非保守力有哪些？說說你的理由吧。

第 5 節

機械錶中的能量藝術

生活物理

透過前面的學習，我們知道做功可以改變物體的能量，那能量在重力或者彈力做功的過程中是如何轉化的呢？機械手錶不需要安裝電池，只要定期為手錶上鍊，它就能持續走動好幾天。甚至有的自動機械手錶不需要上鍊，只要正常佩戴就能持續走動。手錶指針可以持續轉動，這其中的原理是什麼呢？

科學實驗：

在一個罐子或者洋芋片筒的兩端各打兩個小孔，將一個小鐵塊固定在橡皮筋的中間，將橡皮筋穿入筒中，用牙籤將橡皮筋固定在筒的兩端。將筒放在一個小的斜面上鬆手，觀察筒的運動情況。

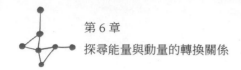
原來如此

根據能量守恆定律，能量不會憑空產生，也不會憑空消滅，能量在轉換或轉移的過程中總量是守恆的。如果在能量轉換過程中，只有動能、重力位能、彈性位能之間的互相轉換，我們說這個過程中力學能是守恆的。

在剛剛的實驗中，我們將筒從一個斜面滾下。這個過程中，筒的重力位能轉換為筒的動能和彈性位能。到最低點後，筒還會繼續往前滾動，這時候筒的動能轉換為彈性位能，直到速度減小為零，此時彈性位能最大，動能為零。之後，筒又滾了回來，這主要是由於筒儲存的彈性位能又轉換為動能。在理想情況下，不考慮阻力，筒可以滾回斜面的初始高度。但由於滾動過程中摩擦阻力等的影響，使得部分力學能轉換為內能，筒滾回斜面的高度要比原來的高度低一些。

機械錶也正是利用了力學能的互相轉換。機械錶中儲存能量的是游絲，它是機械錶的心臟。為了保證機械錶可以不停走動，我們需要定期為表上鍊，對手錶做功，手錶將能量以彈性位能的形式儲存了起來。採用擒縱系統等方式可以保證發條緩慢而又近似恆定的能量輸出。機械錶在執行過程中，將彈性位能轉換為動能，使指針走動。同時控制時針、分針、秒針的齒輪大小就可以控制它們的轉動速度。

全自動機械手錶不需要人為上鍊也能持續走動，這又是為什麼呢？原來這類手錶中會設有一個重錘，佩戴手錶運動時會帶動重錘擺動，自動為手錶上鍊。這個過程正是把人運動過程中的力學能轉換為手錶的彈性位能，為手錶提供源源不斷的動力。

思維拓展

計時工具的發展

人類歷史上的計時工具經過了多輪的發展。早期的日晷計時工具是根據太陽的角度來判斷時間，使用起來具有較大的局限性。後來人們發明了沙漏和滴漏的方法來計時。北宋天文學家蘇頌等人建造的「水運儀象臺」被譽為世界上最早的天文鐘。伽利略對單擺的研究為擺鐘計時提供了科學依據。在法國的貝桑松小鎮有一臺準確度非常高的鐘，一年的誤差只有一兩秒。機械錶依靠精密的機械零件之間的配合來運轉，容易受到外界環境的干擾，誤差相對較大。石英錶的使用降低了手錶的成本及走時誤差，可以滿足人們日常生活需要，但是每天千分之一秒的誤差足以對國家金融、交通、電網等產生致命影響，導致混亂。

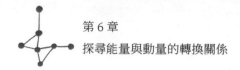
牛刀小試

除了機械錶、石英錶,現在已經普及了多種類型的手錶,如光動能手錶、電波手錶等。請查閱它們的工作原理和優勢並分析其發展前景。

第 6 節

汽車與足球碰撞出的火花

生活物理

　　物體在碰撞過程中會做功，很多時候還會伴隨著內能的轉換。公路上行駛著一輛汽車，突然有個足球撞到了汽車的前方，會有什麼樣的結果呢？肯定是足球被撞飛了出去。但是如果停車場停放了一輛汽車，踢過來的足球撞在了汽車上，汽車會被撞飛嗎？汽車依然穩穩地停在那裡，而足球會被反彈出去。如果是完全彈性碰撞，過程中沒有力學能的損失，那麼這個過程是力學能守恆的。但是一般情況下，撞擊過程中會有部分力學能轉換為內能，力學能一般是不守恆的。不同質量的物體在碰撞過程中可能存在哪些規律呢？

　　科學實驗：

　　如圖所示，用細繩懸掛兩個小球，小球的質量分別是 m1 和 m2，其中一個小球 B 靜止懸掛，另一個小球 A 被拉開一定的角度自由釋放。根據撞擊前 A 球的初始角度，我們能計

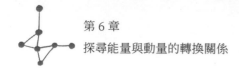

算得到 A 球撞擊 B 球前的速度。同時，根據撞擊後小球的擺動角度，可以計算得到撞擊後兩個小球的速度。在小球 B 上黏貼一片雙面膠，重複上面的實驗，觀察實驗過程中小球的運動有什麼區別。碰撞前後小球的質量、速度具有什麼樣的關係呢？

圖 6-19 動量守恆實驗

原來如此

笛卡兒認為宇宙萬物總體運動量是固定不變的，既不會增加，也不會減少，是守恆的。運動量的變化必然滿足這樣的規律 —— 一種物質的運動量增加，必然存在其他物質的運動量減少。前面物質增加的運動量是靠後面物質傳導過去的，這就是宇宙萬物運動量的變化規律。前面的實驗數據說明，這裡提到的不變的運動量就是動量，是質量與速度的乘

積，並以此作為運動量的量度。如果小球在碰撞過程中屬於
完全彈性碰撞，那麼不僅滿足動量守恆，還滿足力學能守
恆。如果小球在碰撞過程中是完全非彈性碰撞，碰撞後小球
黏在一起，以相同的速度運動，此過程中力學能損失最大。
小球在碰撞過程中，不管是否滿足力學能守恆，碰撞前後的
總動量是不變的。

思維拓展

動量守恆在微觀粒子中的應用

　　動量守恆定律在微觀粒子及高能物理中也展現了自己獨
特的魅力，幫助科學家建立了原子結構模型。西元 19 世紀
末，科學家經由實驗和理論的角度逐漸確定了原子的存在。
電子的發現者約翰·湯姆森（Joseph John "J. J." Thomson）
最先提出了一種原子模型，認為正電荷均勻分布在原子空
間，而電子就像布丁裡面的葡萄乾一樣鑲嵌在正電荷裡面。
這種模型被稱為葡萄乾布丁模型。拉塞福在英國曼徹斯特大
學擔任教授期間，利用 α 粒子射向金箔，觀察 α 粒子通過金
箔以後的軌跡變化。基於湯姆森的模型可知，粒子要麼全部
通過金箔，要麼全部不通過金箔。拉塞福經過實驗發現，大
部分 α 粒子可以通過金箔，部分粒子發生大角度偏轉，有的
粒子甚至被完全彈了回來。拉塞福經過大量實驗和計算後提

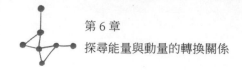

出了拉塞福原子模型。α粒子是帶正電的氦原子核，具有兩個質子和兩個中子。電子的質量遠遠小於 α 粒子，因此並不能明顯阻擋或改變 α 粒子的運動方向。金原子核包括 79 個質子和 118 個中子，質量遠大於 α 粒子，因此金原子核可以明顯改變 α 粒子的方向，甚至使得 α 粒子反向。微觀粒子碰撞過程中也是滿足動量守恆的。

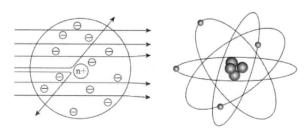

圖 6-20 α 粒子碰撞實驗及原子模型

牛刀小試

1. 還有哪些方法可以驗證碰撞過程中動量守恆？說說你的想法吧。

2. 請從能量角度和動量角度分析物體被相同速度的火車和腳踏車撞擊後的差別。

第 7 節

撞球運動中如何擊打母球？

生活物理

物體動量的變化或速度的變化是靠力來實現的。在撞球比賽中，根據不同的擊打方法可以實現對撞球動量的控制。在撞球比賽中，需要用撞球桿擊打母球，然後利用母球將目標球打入球袋。母球被擊打後的速度及運動方向將直接影響目標球的擊打效果。目標球成功入袋後，可以繼續擊打下一個球，因此母球的位置對下一次擊打有著至關重要的作用。在擊打母球的過程中，力的大小與物體的運動情況有什麼樣的關係呢？

科學實驗：

我們可能在街頭或者電視上看到過這樣的表演 —— 胸口碎大石。表演者運功吐氣後躺在地上，其他人抬來一塊大石頭壓在表演者的身上。表演者的搭檔甩起大錘向石塊砸去，石塊四分五裂，而石塊下面壓著的表演者卻安然無恙。表演

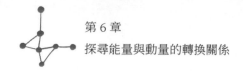
者是在施展氣功嗎？我們來模擬一下這個實驗。

在桌子上放兩個氣球，氣球上疊放一塊壓克力板，將幾塊磚頭放在壓克力板板上。甩起錘頭迅速砸向磚頭。可以看到磚頭碎裂了，而氣球卻安然無恙。

原來如此

在解釋胸口碎大石的原理之前，我們先來分析一下力與動量的關係。在光滑的水平面上放置的一輛小車受到水平拉力 F 的作用。在力 F 保持恆定的情況下，時間越長，小車增加的速度越大，動量變化越大。我們向小車施加不同大小的力，持續相同的時間，那麼在施加力較大的時候，小車增加的速度較大，動量變化也較大。我們把力與力的作用時間的乘積叫做力的衝量，衝量越大，則物體動量的變化量越大。實際上，物體在一個過程終末狀態和初始狀態動量的變化量等於它在這個過程中所受力的衝量，這就是衝量 - 動量定理。

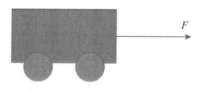

圖 6-24 受力的小車

衝量 - 動量定理的物理性質實際上和牛頓第二運動定律是相同的。根據牛頓第二運動定律數學式，力等於物體的質量與加速度的乘積，即 $F = ma$，在等式兩邊同時乘以力的作用時間，等式左邊就是我們剛剛定義的衝量，而等式右邊就是質量與速度變化量的乘積，即動量的變化量。這樣我們就知道，使用衝量 - 動量定理分析物體的運動和牛頓第二運動定律等效，但是在實際分析過程中會方便很多。

在撞球運動中利用球桿擊打母球，藉由控制擊打母球的力度和時間可以控制母球被擊打後的速度，進而控制母球擊打目標球的力度。實際上，在擊打母球的過程中，還要考慮母球的位置，例如需要母球擊打目標球後往前或者往後滾動一定的距離，方便下一次擊打。如果擊打母球的上部，母球碰撞目標球後會繼續向前滾動一段距離；而如果擊打母球的下部，母球碰撞目標球後會滾回一段距離。

在胸口碎大石的表演中，甩起錘頭迅速擊打石塊，錘頭與石塊的接觸時間很短，錘頭的動量在較短的時間即減少到零，根據衝量 - 動量定理可知，此時錘頭與石塊之間的作用力很大。錘頭與石塊的接觸面積特別小，因此石塊在被擊打過程中所受壓力較大，很容易被擊碎。由於石塊的質量很大，石塊受到錘頭壓力後，速度的變化量並不大。石塊與人體的接觸面積較大且人的身體具有一定的彈性，因此石塊並

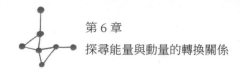

不會給人造成太大傷害。這樣我們就知道胸口碎大石的表演者為什麼不敢拿掉石塊，讓錘頭直接砸向自己。我們再看到有人表演胸口碎大石時，也可以自信地說一聲：「我也能行！」

思維拓展

如何實現輕功「水上飄」

衝量-動量定理不僅讓我們有了胸口碎大石的自信，而且能讓我們知道輕功「水上飄」是否能夠成功。很多人都有一個武俠夢，夢想有一天自己可以像電視上的主角一樣學會輕功，在湖上走路如履平地。在現實生活中，沒有人能在水上走路，但是有些動物卻可以輕鬆做到。雙冠蜥腳掌面積大，能夠快速蹬水，實現「水上飄」。那人為何不可以呢？研究顯示，人要想實現水上走路，需要 30m/s 的蹬水速度才行，以人現在的肌肉強度是遠遠達不到的。雖然我們無法在水上走路，但是「水上飄」的滑水項目可以輕鬆讓我們實現在水上運動。運動過程中，人踩在滑板上，靠繩索的牽引力在水上滑行。滑板與水面有一定的夾角。以滑板為參考系，水流高速擊打在滑板底部，然後沿著斜向下的方向反射出去。水在碰撞前後的動量變化量有垂直方向和水平方向的分量，根據衝量-動量定理，水受到的力也可以分為垂直方

向和水平方向的力。根據力的作用是相互的，水施加給滑板
的力有垂直方向的分力，使得人不會下沉，而滑板受到的水
平方向的分力就是滑板受到的阻力。摩托車在快速行駛過程
中，也可以在水面上運動一定的距離而不下沉，這也可以透
過衝量 - 動量定理來解釋。

牛刀小試

1. 在打網球、羽毛球的過程中，我們是如何運用衝量 - 動
   量定理控制球的運動的？請嘗試分析說明。
2. 在打撞球的過程中用到了哪些物理原理？

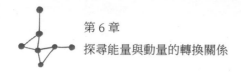
第 8 節

撞球碰撞的不變量

生活物理

我們在玩撞球的時候，擊打母球的中點使得母球獲得一定的動量，母球擊打其他球後動量減少，其他球獲得了一定的動量。在這個過程中，我們認為球的碰撞時間極短，總動量是不變的。撞球在運動過程中，受到檯面施加的阻力作用，形成一個衝量，導致撞球的動量減少。由前面的學習我們知道，衝量是改變物體動量的原因。

科學實驗：

牛頓擺是法國物理學家愛德姆·馬略特（Edme Mari-otte）在西元 1676 年提出的。如圖所示，五個質量相等的小球懸掛在支架上，彼此緊密排列。將一側的一個小球拉開一定角度釋放，碰撞小球由運動變為靜止，另一側的一個小球彈起了相同的高度。將一側的兩個小球拉開一定的角度，則另一側也有兩個小球彈開相同的高度。這個過程中小球的動量發生了交換，碰撞中滿足動量守恆。如果不考慮空氣阻力

和摩擦力，則還滿足力學能守恆。

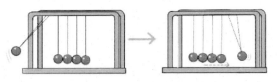

圖 6-27 牛頓擺實驗

原來如此

　　一個運動的小球 A 撞擊靜止的小球 B，它們之間是有相互作用力的，A 對 B 施加的彈力，與 B 施加給 A 的彈力大小相等，方向相反，作用在同一條直線上。它們在碰撞過程中所持續的時間固定，則 A 球對 B 球施加力的衝量等於 B 球增加的動量。B 球對 A 球施加力的衝量等於 A 球減少的動量。B 球增加的動量剛好等於 A 球減少的動量。這說明物體碰撞過程中內力是不改變系統動量的。

　　物體在運動或碰撞過程中還受到系統外部施加的力，會讓物體的動量增加或減少。但是如果物體所受外力的合力等於零，那麼此過程中，物體的動量保持不變。這樣我們就總結出了動量守恆定律：如果一個系統不受外力，或者所受外力的向量和為零，這個系統的總動量保持不變。撞球運動中，母球擊打目標球的過程中所受外力並不等於零，檯面會給球施加摩擦阻力。考慮到母球擊打目標球的過程中時間非

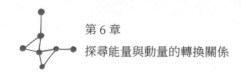
常短，碰撞過程中阻力改變小球的動量很小，我們近似認為系統碰撞過程中動量守恆。

思維拓展

如何從船上上岸

在一個陽光明媚的日子去公園划船是多麼愜意的一件事情。你可能注意到一件事情：我們划船結束回到碼頭時，工作人員會先用繩子或者竹竿固定住小船，然後讓乘客上岸。能不能等船靠岸以後直接上岸呢？假設船頭剛剛靠到岸邊，此時我們直接向船頭走去。我們將人和船看成一個整體，船頭停在岸邊後系統的動量為零。人向船頭走去，根據動量守恆定律，船會向相反方向運動，導致船頭離開岸邊，我們便無法上岸。如果我們再次走回船艙，會發現船頭又靠近了岸邊。明明岸邊就在眼前，可是只能遠觀而無法靠近，這時就不得不求助工作人員給自己的小船一個「擁抱」了。

牛刀小試

1. 查閱資料並回答，在手槍射擊過程中，子彈射出對人的運動狀態有什麼影響？如何減小這種影響？

2. 生活中還有哪些例子可以用動量守恆來進行解釋？說說你的觀點吧。

第 9 節

童年的你差點造出火箭

生活物理

　　童年的我們玩著自己親手折的紙飛機，還有那經常沒能綁住的氣球。氣球脫手之後處於暴走狀態，飛來飛去。那時候只顧著追氣球，並沒有想過氣球裡面發生了什麼。這隨手掙脫的氣球竟然和現代火箭推進器的原理相同，原來我們無意間的一個動作竟然差點造出火箭。

　　科學實驗：

　　取兩個直徑不同的吸管，選直徑較小的吸管 a，用剪刀在吸管上刻出一個凹槽。用鑷子夾住吸管口的一端，接觸燭火片刻即可將吸管的一端封閉。取直徑較大的吸管 b，在中間用剪刀剪出一個菱形，再用相同的方法將吸管的兩端封閉。用剪刀在此吸管的兩端各剪出一個斜的切口。將處理好的兩個吸管組裝起來，拿在手中對著 a 吸管吹氣，發現了什麼呢？可以看到 b 吸管持續轉動了起來，這其中蘊含著什麼原理呢？

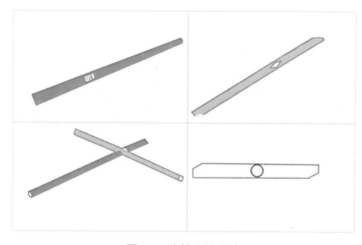

圖 6-31 旋轉吸管實驗

原來如此

我們在玩氣球時，初始情況下，氣球和裡面的氣體處於靜止狀態，系統的總動量為零。當氣球裡面的氣體衝出來時，氣球內氣體具有一定的動量，根據動量守恆原理，氣球必然向反方向運動。脫手之後，暴走的氣球並不是沿著一個方向前進的，而是四處衝撞。這是因為氣球各處的厚度並不完全相同，產生的張力也不均勻，導致氣球在運動過程中由於反作用力而產生的力與氣球的運動方向並不完全相同，氣球在逐漸收縮變小的過程中，氣流速度及氣流方向都在不斷變化，所以氣球會四處飛奔。

我們製作的旋轉吸管也是利用了氣流的反作用力使得吸

管不斷轉動的。根據上圖中的吸管結構和氣流方向可以看出，吸管中間可以繞著軸轉動，形成一個槓桿。吸管左側和右側的氣流反作用力產生的力矩成為轉動的動力。

思維拓展

火箭推進與燃料消耗

　　火箭是如何利用反作用力升上太空的呢？我們在水裡划船時，向後划水可以獲得一個向前的力；在空中的噴氣式飛機透過進氣道吸入大量氣體，經過燃燒加熱後將氣體快速噴出形成向前的推力。而火箭藉由將自身一定質量的物體快速向後丟擲獲得動力，獲得動力的大小與火箭丟擲物體的質量和速度有關。反作用力作用過程中，正是利用力的作用是相互的，而產生一個向前推動物體的力。

　　發射火箭時加裝燃料的多少更多影響的是火箭運送貨物時速度提升的多少。發射場偌大的火箭大部分都是攜帶的燃料，而運送的貨物質量只占總質量很少的一部分。要想使火箭獲得更大的速度增量，就必須攜帶更多的燃料。但是多帶燃料也會導致火箭開始的時候總質量增加，相同推力下加速度變小，最終結果是火箭速度增量並沒有提高多少。在實際的火箭推進過程中，會採用分節的方式，將用完的燃料罐扔掉，減輕自身質量。

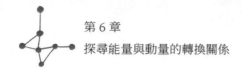
生活中的科學

從「火龍出水」到運載火箭

　　唐朝末年，火藥及火器開始在戰場上使用。後來人們利用火藥燃燒產生的反作用力製成了一種能夠高飛的「起火」，平時用於慶祝喜事，戰時可以用來傳遞訊號，成為現代火箭的雛形。明代茅元儀所著的《武備志》中記載了一種火箭，它在「起火」前端加上箭頭，後端加上羽毛，提高了飛行及戰鬥效果。明朝出現的水陸兩用武器「火龍出水」，是利用毛竹製成龍體，裝上龍頭和龍尾。做成魚尾狀的龍尾可以使其在運動過程中保持平衡。毛竹內部裝有數枚火箭，外部綁上四隻「起火」，幫助「火龍出水」向前騰飛。待外部「起火」火藥燃燒完後會引燃龍體內部的火箭，使內部火箭飛出，直達目標。

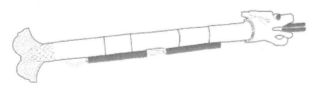

圖 6-33 火龍出水

牛刀小試

1. 查閱相關資料，利用反作用力原理製作一個簡易的火箭。

2. 從地球發射宇宙飛船進入太空會對地球的速度產生影響嗎？請估算對地球運動產生的影響。

第 7 章

波動帶來的美麗世界

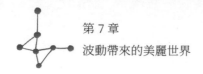
第 1 節

美麗的水波

生活物理

你會玩打水漂這個遊戲嗎？打水漂就是在水邊投擲石片或瓦片，使其在水面上掠過，激起一串水花。在水花激起的同時，水面會蕩起一圈一圈的波紋，看上去像從中心向外移動一樣。這是怎麼形成的呢？

科學實驗：

在家中裝一盆水，將一個小東西扔到水盆中的不同位置，觀察水波有什麼不同。物體落下的地方是水波的中心，也就是波源。

原來如此

水波是怎麼形成的呢？這就要從振動和力學波談起了。振動是指物體或質點在其平衡位置附近做有規律的往復運

動。比如：上下的往復運動具有最高點和最低點，而平衡位置就是二者的中央。中央到最高點的距離稱為振幅。

那麼力學波又是怎麼形成的呢？物理學中是這樣表述的：振動在介質中的傳播稱為力學波。如果扔一顆石子到水中，石子落下位置的水會發生上下方向的振動，振動的過程中會帶動周圍的水跟著振動，進而向外擴散。

那一圈一圈的波紋又是怎麼形成的呢？為了便於理解，我們可以想像一下，如果我們拿著一根很長的繩子的一端，用力上下搖晃，會發生什麼呢？可以看見一個波形在繩子上傳播，如果連續不斷地進行週期性的上下抖動，就形成了繩波。

圖 7-2 繩波

而水波的形成可以看作由中央散發出各個方向的無數條繩子，每根繩子的振動情況都是相同的，這樣就形成了一圈一圈的同心圓狀美麗波形。

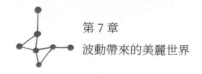
思維拓展

質點的振動

在波的傳播過程中，其中一個質點的運動是什麼樣的？我們以繩波為例，如果在繩子上任取一點繫上布條，可以發現，布條只是在上下振動，並沒有隨波前進。

由此可見，在波傳播時，介質中的每個質點都只圍繞自己的平衡位置做簡單的振動，力學波可以看作一種運動形式的傳播，質點本身不會沿著波的傳播方向移動。也就是說，從波源開始向外傳遞振動的形式，而沒有發生相對位置的移動。一個波，後方的質點在重複前方質點的運動，但是又慢了一拍。

對質點運動方向的判定有很多方法，可以對比前一個質點的運動；還可以沿著波的傳播方向進行判定，向上遠離平衡位置的質點向下運動，向下遠離平衡位置的質點向上運動。

牛刀小試

　　聲波也是一種力學波，但是跟繩波、水波又有很多不同。請查閱資料，尋找它們有哪些不同。圖中所描繪的聲波狀態是否正確呢？

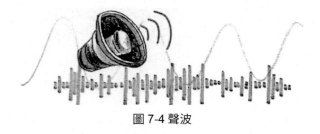

圖 7-4 聲波

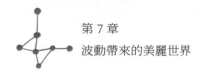
第 2 節

地震帶來的災難為什麼這麼嚴重？

生活物理

據統計，全球每年發生 500 多萬次地震。但是這些地震大多數並沒有讓我們感受到，並且只有極少數地震會對人們的生產生活產生惡劣的影響。那麼到底什麼樣的地震才會對人類造成危害呢？

原來如此

有的人可能會說，地震的級別越大，破壞力就越強。其實不能簡單地這樣概括。

力學波分為兩種，像水波、繩波這樣振動方向和傳播方向垂直的波為橫波；像聲波這樣振動方向和傳播方向在同一直線上的波為縱波。那麼地震波是橫波還是縱波呢？其實地震波由震源發出，以扇形向上擴散，同時發出的既有橫波，也有縱波。

　　地震規模是衡量地震本身大小的標準，由地震所釋放出來的能量大小決定。釋放出的能量越大，則規模越大。而在相同的規模下，震源越淺，波及的面積範圍越小，單位面積上產生的破壞能量就越大。地震波由橫波和縱波組成，縱波傳播速度快，會讓地面上下震動；橫波傳播速度慢，會讓地面水平震動。也就是地震來臨時，我們先感受到上下震動，後感受到水平震動。如果發生上下震動了很久之後才發生水平震動，則說明地震震源比較深，那麼產生的危害通常不大。

思維拓展

地震前的常見異常

　　許多動物的某些器官感覺特別靈敏，能比人類提前知道一些災害事件的發生，如海洋中的水母能預報風暴，老鼠能事先躲避礦井崩塌或有害氣體的侵入等等。至於在視覺、聽覺、觸覺、等器官中，哪些發揮了主要作用，哪些又發揮了輔助判斷作用，不同的動物可能有所不同。

　　伴隨地震而產生的物理、化學變化（震動，電、磁、氣象、水氡含量異常等），往往能使一些動物的某種感覺器官受到刺激而發生異常的反應。例如：一個地區的重力發生變異，某些動物可能會通過牠的平衡器官感覺到；發生異常震

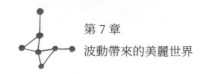

動,某些動物的聽覺器官也許能夠察覺出來。地震前,地下岩層早已在逐日緩慢活動,呈蠕動狀態,而斷層面之間又具有強大的摩擦力。於是有人認為在摩擦的斷層面上會產生每秒震動幾次至十多次的次聲波。人類無法聽到次聲波,而一些動物則不然。動物在感受到這種聲波時,會驚恐萬分、狂躁不安,以致出現冬蛇出洞、魚躍水面、豬牛跳圈、在淺海處見到深水魚或陌生魚群、雞飛狗跳等異常現象。發生異常的動物種類很多,有牲畜、家禽、穴居動物、冬眠動物、魚類等。

牛刀小試

請你利用身邊的物品,嘗試模擬縱波,並觀察縱波的特點。

提示:可以選擇輕軟彈簧,如圖所示。

圖 7-8 模擬縱波

第 3 節

如何利用超音波測速？

生活物理

　　很多人都會好奇，我們駕駛汽車行駛在路上，交通警察是如何判斷我們的車輛是否超速的呢？顯然，交通警察有快速測量車輛瞬時速度的儀器，同時也有高畫質的鏡頭來拍照記錄。那麼測量速度的儀器到底是如何設計出來的呢？

　　科學實驗：

　　在城市火車道口旁邊，注意傾聽火車靠近時鳴笛聲音的音調是如何變化的，火車遠離時，鳴笛聲音的音調又是如何變化的。

原來如此

　　要了解測速儀器的工作原理，不妨先重溫一下我們生活中都曾有過的經歷。當汽車疾駛而來時嘯聲尖銳，疾駛而去時笛聲嗚咽。這種音調的變化是聲源運動的結果。發聲體的

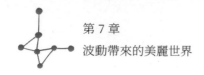
振動使周圍空氣產生疏密相間的波，稱為聲波。開來的汽車能將聲波的疏密間隔「壓」得更緊，導致頻率增高；離去的汽車卻將聲波的疏密間隔「拉」得更開，造成頻率降低。於是我們便聽到了高低不同的音調，這種現象稱為都卜勒效應（Doppler effect），如圖 7-10 所示。

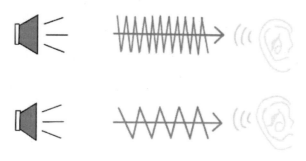

圖 7-10 都卜勒效應

都卜勒效應產生的原因：聲源完成一次振動，向外發出一個波長的波。頻率表示單位時間內完成的振動的次數，因此波源的頻率等於單位時間內波源發出的完全波的個數，而觀察者聽到的聲音的音調，是由觀察者接收的頻率決定的。當波源和觀察者有相對運動時，觀察者接收的頻率會改變。在單位時間內，當觀察者靠近波源時，觀察者接收的波的個數增多，接收的頻率增大。同理，當觀察者遠離波源時，觀察者接收的波的個數減少，接收的頻率減小。

　　根據都卜勒效應，向待測物體發出一個已知頻率的超音波，檢測其反射回來後頻率的變化，就可以計算出物體速度。

思維拓展

光電閘和頻閃的應用

1. 光電閘。

　　光電閘是由一個小的聚光燈泡和一個光電管組成的，聚光燈泡對準光電管，光電管前面有一個小孔可以接收光的照射。當兩個光電閘的任一個被擋住時，計時器開始計時；當兩個光電閘中任一個被再次擋住時，計時終止。計時器顯示的是兩次擋光之間的時間間隔。

　　那麼如何利用光電閘測量物體的速度呢？

　　在運動的物體上固定一個遮光板。當物體運動到光電閘時，遮光板恰好可以擋住光。透過計時器可以直接讀出遮光板透過光電閘的時間。根據遮光板的寬度和測出的時間，就可以算出遮光板通過光電閘的平均速度。當遮光板的寬度很小時，所測量通過光電閘的時間非常短，此時計算出的速度為物體在光電閘處的瞬時速度。

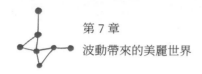
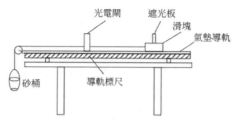

圖 7-11 光電閘測速裝置

2. 頻閃。

　　頻閃攝影，是藉助於電子閃光燈的連續閃光，在一個畫面上記錄動體的連續運動過程。這項技術的實現源於電子頻閃燈的出現。電子頻閃燈是一種新型的攝影照明燈具，當這種燈充飽電後，可以像連發手槍一樣，一次緊接一次地頻繁閃光。電子頻閃燈的閃光頻率可以根據需要調整，閃光頻率越高，底片曝光次數越多，在照片上出現的影像也越多。一般來說，這種燈每秒的閃光次數可達幾十次甚至上百次。用電子頻閃燈拍攝一個動體時，畫面上可以留下幾十個重疊、錯落有致的影像。這些以一定規律間隔產生的影像，可以給人節奏感強烈的視覺感受，使人感到新奇。這是因為這種將動體影像凝固在一張畫面上的視覺效果，在平時僅憑肉眼是無法看到的。

　　下圖所示是一個自由落體小球的頻閃攝影圖。圖中的時間間隔可以根據攝影機頻率計算出來，小球位移可以用刻

度尺測量出來。速度的計算方法與打點計時器完全相同。
與打點計時器不同的是，頻閃攝影機的曝光頻率最高可達
1,000Hz，通常也可以達到幾百赫茲。也就是時間間隔最小可
以達到 0.001s，因此利用頻閃攝影測速更加精確。

圖 7-13 自由落體小球的頻閃攝影圖

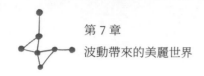
第 4 節

深海潛艇如何看清物體？

生活物理

　　潛艇是能夠在水下運行的艦艇。潛艇在許多國家的海軍中扮演重要角色，其功能包括攻擊敵人軍艦或潛艇、近岸保護、突破封鎖、偵察和掩護特種部隊行動等。潛艇也被用於非軍事用途，如海洋科學研究、搶救財物、勘探開採、科學偵測、裝置維護、搜尋救援、海底電纜維修、水下旅遊觀光、學術調查等。

　　我們在陸地上能夠看到物體主要是因為有陽光，深海中沒有陽光，深海潛艇是如何看清周圍的物體以避免碰撞的呢？

原來如此

　　大家是否爬過高山，是否站在兩山之中瘋狂地吶喊過？我們喊出聲音後不久就會聽到回聲，這是為什麼呢？因為我

們的聲音向前傳播，碰到其他的山體後被反射回來。聲音從發出到被反射回來需要一段時間，於是我們就聽到了回聲。兩山之間的距離越遠，聽到回聲的間隔時間就越長，因為聲音傳遞的距離變遠了。也就是說，我們可以透過聽到回聲的時間來判斷距離。

　　人們借鑑這個原理設計了聲納，以幫助潛艇探測周圍環境。聲波是潛艇觀察和測量的重要手段。有趣的是，sound 一詞作為名詞是「聲」的意思，作為動詞就有「探測」的意思，可見聲與探測關係之緊密。聲音在水中傳播的速度是定值且已知，聲納能夠發出聲波，也能夠接收聲波，根據二者時間差值就可以判斷出所探測方向上的物體距離潛艇有多遠。如果碰到障礙物後聲波反射回來有一定的角度偏折，藉由分析這個角度可以判斷障礙物的形狀。以上都是透過間接的方法來測量的，運用了**轉換**的思想。

牛刀小試

　　若聲音在海水中的傳播速度是 1,450m／s，潛水器的航行速度為 72km／h。潛水器向前進方向發出聲音，經過 10s 接收到訊號，則接收訊號時潛水器距離障礙物有多遠？

參考文獻

[01] 高博 . 從填空邊緣跳下 [N].2012-10-17.

[02] 李永樂 .《流浪地球》最硬科普（二）：重力彈弓效應是怎麼回事 [EB/OL].(2021-12-12)[2023-01-06].

[03] 尹懷勤 . 旅行者 1 號：首個進入星際空間的探測器 [J].2017(9):26-29.

[04] 朱翃，肖正強 . 鞏立姣奪冠 中國鉛球奧運歷史第一金 [EB/OL].(2021-08-01)[2023-01-06].

[05] 王麗莉，李一博，李明 . 女子標槍決賽：劉詩穎奪冠 [EB/OL].(2021-08-06) [2023-01-06].

[06] 張仁和 . 軍事與奧運之鉛球：鉛製砲彈的演變 [EB/OL].(2008-08-06)[2023-01-06].

[07] 張仁和 . 軍事與奧運之標槍：曾經的遠端兵器 [EB/OL].(2008-08-06)[2023-01-06].

[08] 鄒菁，蔣波 .「應該問我和 C 羅誰厲害」卡洛斯機智回應與梅西比較 [EB/OL].(2018-08-06)[2023-01-06].

[09] 普朗特，奧斯瓦提奇，維格哈特 . 流體力學概論 [M]. 郭永懷，陸士嘉，譯 .2016.

[10] 譚藝君.「奧林匹克號」撞船事件與伯努利原理 [N/OL].(2020-10-13)[2023-01-06].

[11] 梁晉，盧瑞霞.永動機探索歷史概述 [J].2018(7):49-50.

[12] 汪志誠.熱力學統計物理 [M].2008.

[13] 朱崇開.亥姆霍茲與德國物理科學的興起 [J].2009,21(6):58-60.

[14] 李海.微中子的發現歷程 [J].2013,35(8):76-78.

[15] PARK, JAMES L.High-speed video analysis of arrow behaviour during the power stroke of arecurve archery bow[J].Proceedings of the Institution of Mechanical Engineers,Part P： Journalof Sports Engineering and Technology, 2013, 227(2):128-136.

[16] 任霄鵬.世界首顆量子科學實驗衛星發射成功 [EB/OL].(2016-08-16)[2023-01-06].

[17] 任霄鵬.全球首顆可持續發展科學衛星成功發射執行 [EB/OL].(2022-01-11)[2023-01-06].

[18] 趙洋.水運儀象臺 [J].2018,3(3):2.

[19] 屈求智.4200 萬年誤差僅 1 秒！一起來見識一下世界上最「高冷」的鐘 [EB/OL].(2019-12-09)[2023-01-06]

[20] 李國利，王同心.新一代高精度銣原子鐘亮相：300 萬年只有 1 秒誤差 [EB/OL].(2017-11-06)[2023-01-06].

[21] 張紫曦.吉林長春：世界首次 8 編組高鐵碰撞試驗取得成功 [EB/OL].(2021-03-05)[2023-01-06].

[22] 李雲海.多節火箭的鼻祖：「火龍出水」[J].2002(32):42-43.

[23] 唐輝明·工程地質學基礎 [M].2007.

[24] 陸坤權，厚美瑛，姜澤輝等.以顆粒物理原理認識地震：地震成因、地震前兆和地震預測 [J].2012,61(11):1-20.

「牛刀小試」參考答案

第1章

第1節

　　此次列車全程的平均速率約為 127km/h，臺中站到彰化站的平均速率為 120km/h，與最高速率 350km/h 相比小很多，主要原因為列車到站停靠時有加速、減速過程，過程中速度減慢，不能保持 350km/h 的速度。

第2節

　　汽車上坡有兩種方式，第一種是提前加速，以獲得很大的動能，在動能轉化為重力位能過程中能有足夠的能量；第二種是減速，運用最大功率創造出大的牽引力。

第3節

　　在一列等速直線行駛的列車中，一個人坐在車上，或在車裡走動，都可以以車為參考系進行運算，其結果與以地面為參考系相同。

第 2 章

第 1 節

月球上和地球上通用的測量質量的儀器為天平。

第 2 節

可以利用橡皮筋來設計。其刻度可能不準確，但是可以利用生活中的物品進行粗略標定，如兩個雞蛋的重力為 1N 等。

第 3 節

大冰雹的降落速度可達 30m/s 或更大。冰雹高速下落，衝擊力大，危害嚴重。冰雹災害雖然是區域性和短時間的，但後果是嚴重的。

第 4 節

現象：凸面朝上，蛋殼沒破；凹面朝上，蛋殼裂開。

結論：凸面朝上，受力均勻，蛋殼不破；凹面朝上，受力不均，蛋殼破裂。

第 5 節

用一根繩子繫上物體，將物體提離地面，置於空中。然後可利用尺等工具沿著繩子在物體上畫出直線。再將繩子繫

在物體的其他點上，重複操作，可得另一條直線，而兩條直線的交點就是這個物體的重心。

第3章

第1節

拍打灰塵、鎖頭固定等都存在慣性。分析過程中應注意確定研究對象，說清楚研究對象的運動狀態以及其如何保持運動狀態不變。

第2節

可以採用彈性係數更大的橡皮筋來提供更大的彈力和彈性位能。

第3節

擊打球的上端會讓球向前翻滾，滾動速度依然存在，故繼續向前滾動；擊打球的下端會讓球向後翻滾，滾動速度依然存在，故繼續向後滾動。快速擊打球的中端會讓球向前，球沒有滾動速度，故停止。

第4節

電梯加速下降，加速度向下，支撐力小於重力，體重計數字變小；電梯等速下降，支撐力等於重力，體重計數字為

實際體重；電梯減速下降，加速度向上，支撐力大於重力，體重計數字變大。

第 4 章

第 1 節

為了得到不同水平速度的小球，可以藉助斜面讓小球自由滑下，也可以藉助彈簧來推動小球。小球落地所用時間用秒錶測量比較困難，可以藉助攝影機拍攝影片來完成時間的測量。

第 2 節

1. 投石工具的製作可以借鑑本節介紹的投石器，利用彈簧作為動力進行投擲。也可以借鑑現在的彈簧筆，利用彈簧製作一個帶筒的投石工具。

2. 可以利用程式語言建立投籃模型，將空氣阻力考慮在內，模擬籃球的執行軌跡，觀察是否有明顯變化。

第 3 節

1. 對著紙牌下方吹氣，發現紙牌牢牢趴在桌上。將紙牌放在電子秤上進行實驗，發現電子秤的數字會增加。電子秤數字的增加量與流速、紙牌面積有關。

2. 在撞球中打出曲球可以使用偏低桿和下桿角度。透過選擇左低桿和右低桿可以控制方向。透過調節擊球的力度、下桿角度等可以控制彎曲程度。

3. 「香蕉球」的原理參照文中的受力分析，「落葉球」和「香蕉球」的不同之處在於旋轉方式變成了垂直的旋轉。「電梯球」是球速太快、空氣阻力太大造成的，和球速具有很大關係。

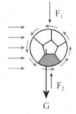
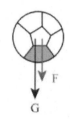

落葉球受力示意圖　　　電梯球上升受力示意圖

第 4 節

1. 盪鞦韆時最低點的速度最大，此時需要的向心力最多，繩子承受的拉力最大，斷裂最容易發生在這個位置。

2. 可以設計一個旋轉飛行器，依靠離心力來模擬重力。透過控制太空飛行器的半徑和旋轉速度，調節人造重力加速度的大小。

第 5 節

坐在旋轉的木板兩端，如果正對著對方拋球，對方是無法接到球的，可以調節丟擲的角度進行拋球。木板的旋轉方向不同，調整的丟擲角度也是不同的。

第 5 章

第 1 節

查閱資料，發揮自己的想像力，發表自己的觀點。

第 2 節

兩個焦點逐漸靠近時，所畫的橢圓越來越接近於圓，當兩個焦點重合時，半長軸變成了圓的半徑。

第 3 節

月球的向心加速度 $a = r\omega^2 = 4\pi^2 r / T^2$，根據所給的月地距離以及月球公轉週期可以算出月球的向心加速度。月球的向心加速度與自由落體加速度的比值，與方程式右側 R^2 / r^2 幾乎相同，可以驗證地球對樹上蘋果的引力與地球對月球的引力是同一種性質的力。

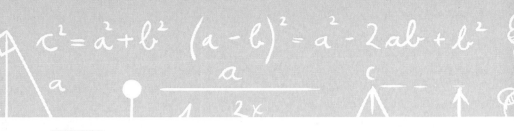

第 4 節

太空站每 90min 左右即可繞地球一圈，每天可繞地球約 16 圈。當太空站從地球背面繞到正對太陽一面時便可以看到一次日出。

第 5 節

未來，隨著太空探測及航太技術的發展，人類登陸火星或許成為可能，但是將面臨物資運送難題、人員長期駐紮心理調節問題、火星大氣和土壤改造問題等諸多挑戰。

第 6 章

第 1 節

1. 一瓶 450mL 的飲料大約含有 950kJ 的能量，假設人的重力為 500N，一層樓的高度為 3m，爬每層樓需要克服重力做功 1.5kJ。這瓶飲料所含的能量相當於 633 層樓的重力位能。

2. 起床後以及午餐後，人的活動較多，消耗能量較大，因此要吃飽吃好，油脂量要高。而晚餐後不久就到了睡覺時間，不需要消耗太多能量，因此晚餐適宜清淡。

第 2 節

1. 物體在自由墜落過程中，初始具有重力位能，在下落過程中轉化為動能。

2. 錐體雖然從支架較矮的一端滾到了支架較高的一端，但是由於較高的一端支架間距大，因此錐體的重心還是降低的。

第 3 節

1. 回力車內部有彈性金屬片，用手向後拉時，將力學能轉化為彈性位能，鬆手後，彈性位能轉化為動能。

2. 射箭過程中，初始的彈性位能是固定的。同時搭兩隻箭會讓每一支箭的動能減弱，兩隻箭的威力並不會更大。

第 4 節

保守力：重力、萬有引力、電場力等。

非保守力：摩擦力、空氣阻力等。

第 5 節

光動能手錶透過太陽能晶片將光能轉化為電能，為鋰電池充電，進而轉化為化學能。不需要人為定期充電，利用太陽能達到不斷運作的目的。

電波手錶可以透過無線電接收準確時間，實現自動校準。

1. 驗證動量守恆除了利用單擺實驗，還可以使用氣墊導軌配合光電計時裝置來驗證。在氣墊導軌上，阻力幾乎為零。利用光電計時裝置可以迅速測量滑塊碰撞前後的速度。

2. 火車和腳踏車的速度相同，但是火車由於質量遠大於腳踏車，因此具有較大的動能及動量。若被撞物體質量與一個人質量相同，那麼與火車碰撞幾乎不會對火車造成影響，但是被撞物體則會瞬間獲得幾乎與火車相同的速度；物體與腳踏車碰撞時對雙方的影響都比較大，腳踏車速度會大幅度降低，被撞物體的速度會增加，但其比與火車碰撞的速度小得多。

1. 我們透過控制擊打的時間及擊打的力度，利用不同的衝量來改變網球和羽毛球的運動速度及方向。

2. 利用了動量守恆、衝量 - 動量定埋、滾動摩擦、力學能與內能的轉化及力學能的轉移等原理。

第 8 節

1. 在射擊之前，人和子彈在水平方向的總動量為零，射擊後，子彈獲得了向前的動量，則人必然會有一個向後的速度。射擊過程中適當依託周圍環境，獲得一個支撐，可減小這種影響。

2. 煙花在空中爆炸的瞬間。

第 9 節

1. 用彩紙剪出一個小圓筒，在圓筒下面吹氣，形成一個小火箭。也可以利用打氣筒、塑膠瓶、塞子、水製作一個水火箭。

2. 地球的質量約為 6×10^{24}kg，而一個宇宙飛船的質量與地球相比可以忽略不計，發射宇宙飛船時，飛船的動量並不會對地球產生可見的影響。

第 7 章

第 1 節

聲波為縱波，振動方向和傳播方向相同，故聲波有疏部和密部，而不是波峰與波谷。

第 2 節

　　將輕軟彈簧或者彈簧玩具橫向放置，使一端振動，可看到整個彈簧發生縱波傳送。

第 4 節

　　10s 內，聲音走了 14,500m，潛水器前進了 200m，故接收訊號時與障礙物的距離為 14,500m － 200m ＝ 14,300m。

後記

　　這本書終於要和大家見面了！雖然它沒有那麼完美，我們仍然享受這份喜悅。在這裡，首先要感謝為本書的編寫提供素材的物理學專業研究者，我們只是在他們的基礎上做了一件力所能及的事情。在編寫體例上，我們借鑑了趙凱華和張維善先生合著的《新概念高中物理讀本》的編寫體例；在讀本內容的選擇上我們參閱了不少發行的現行國、高中學生使用的國高中物理教材，在此一併致謝！

　　為了更好地增加本書的可讀性、趣味性，書中插圖我們大都設計為手繪圖片。繪圖工作得以順利完成必須感謝許多老師和同學們。參與繪畫的同學有杜元熙、張紫暄、萬欣桐、於紓靈、趙曉禾、俞佩卓、張珺然、楊藝菲、張詩佳、黃允聰、王藝潼、楊襲明、孫小艾、曾彩涵、何育萊、範書璟、趙浩年、林語清、曹叡然、趙瑞軒、吳姝曉、白栩凡、劉照君、葛曉唐、林思均、李怡嫻。同時也衷心感謝美術專業教師傅博老師以及孟翠東老師的專業指導。

　　本書的編寫還要感謝勇於質疑和創新的國、高中學生朋友，正是大家提出的各式各樣的問題促使我們有動力完成本

書。希望國、高中學生朋友透過閱讀本書走進物理世界，愛上物理。當然也歡迎大家繼續提出新的問題，問題的提出是探索未知的又一個良好開端！

需要感謝的人太多，難免有遺漏，在此向所有幫助過我們的人表達我們的敬意！

在編寫過程中，我們有過緊張、有過擔憂，感到自身仍然存在一定的知識漏洞，語言貧乏無力，思維不甚嚴密。由於能力有限，書中難免有錯誤和疏漏之處，歡迎大家批評指正！

電子書購買　　　　爽讀 APP

國家圖書館出版品預行編目資料

從日常現象學物理，讓科學知識變得輕鬆有趣：
從地球到宇宙，藉由物理學的幫助，跳脫地球引
力，揭開宇宙運行的奧祕 / 張君可，王超，宋艾
晨 著 . -- 第一版 . -- 臺北市：崧燁文化事業有限
公司 , 2024.07
面；　公分
POD 版
ISBN 978-626-394-530-2(平裝)
1.CST: 物理學 2.CST: 通俗作品
330　　　　113009882

從日常現象學物理，讓科學知識變得輕鬆有趣：從地球到宇宙，藉由物理學的幫助，跳脫地球引力，揭開宇宙運行的奧祕

臉書

作　　　者：張君可，王超，宋艾晨
發 行 人：黃振庭
出 版 者：崧燁文化事業有限公司
發 行 者：崧燁文化事業有限公司
E - m a i l：sonbookservice@gmail.com
粉 絲 頁：https://www.facebook.com/sonbookss/
網　　　址：https://sonbook.net/
地　　　址：台北市中正區重慶南路一段 61 號 8 樓
8F., No.61, Sec. 1, Chongqing S. Rd., Zhongzheng Dist., Taipei City 100, Taiwan
電　　　話：(02) 2370-3310　　傳　　　真：(02) 2388-1990
印　　　刷：京峯數位服務有限公司
律師顧問：廣華律師事務所 張珮琦律師

-版權聲明

定　　　價：320 元
發行日期：2024 年 07 月第一版
◎本書以 POD 印製
Design Assets from Freepik.com